AF827821

Florian Krieft

Erfassung der Sichtweite bei Nebel durch die Kombination aus hochauflösendem Scheinwerfer und einem Kamerasystem

SPEKTRUM DER LICHTTECHNIK BAND 32

Lichttechnisches Institut
Karlsruher Institut für Technologie (KIT)

Erfassung der Sichtweite bei Nebel durch die Kombination aus hochauflösendem Scheinwerfer und einem Kamerasystem

von
Florian Krieft

KIT Scientific Publishing

Karlsruher Institut für Technologie
Lichttechnisches Institut

Erfassung der Sichtweite bei Nebel durch die Kombination aus hochauflösendem Scheinwerfer und einem Kamerasystem

Zur Erlangung des akademischen Grades eines Doktors der Ingenieurwissenschaften von der KIT-Fakultät für Elektrotechnik und Informationstechnik des Karlsruher Instituts für Technologie (KIT) genehmigte Dissertation

von Florian Krieft, M.Sc.

Tag der mündlichen Prüfung: 23. Oktober 2023
Hauptreferent: Prof. Dr. Cornelius Neumann
Korreferent: Prof. Dr. Wilhelm Stork

Impressum

KIT Scientific Publishing

Karlsruher Institut für Technologie (KIT)
KIT Scientific Publishing
Straße am Forum 2
D-76131 Karlsruhe

KIT Scientific Publishing is a registered trademark
of Karlsruhe Institute of Technology.
Reprint using the book cover is not allowed.

www.ksp.kit.edu

Print on Demand 2024 – Gedruckt auf FSC-zertifiziertem Papier

ISSN 2195-1152
ISBN 978-3-7315-1344-5
DOI 10.5445/KSP/1000168264

Wer braucht in Zukunft

schon hochauflösende

Scheinwerfer?

Danksagung

Ein besonderer Dank geht an meinen Doktorvater Prof. Dr. Cornelius Neumann, der mich mit seiner fachlichen Kompetenz und Erfahrung in der Wissenschaft bei all meinen Untersuchungen betreut hat. Du hast deinen Teil dazu beigetragen, dass ich mich aufgrund deiner guten Betreuung meiner Masterarbeit im Anschluss für die Promotion entschieden habe. Prof. Dr. Wilhelm Stork danke ich sehr für die Übernahme des Korreferats.

Henning Fleischmann danke ich sowohl für den Austausch im Bereich der Kameratechnologien als auch für sein Feedback zu dieser Arbeit. Kurze Gespräche endeten sehr oft in längeren Telefonaten über neue Kamerasysteme und Sensortechnologien, in die du stets deine langjährige Erfahrung mit hast einfließen lassen.

Ich möchte mich ebenso bei Dr. Mathias Niedling sowie Dr. Jürgen Locher für das Feedback zur Arbeit und die Weitergabe ihres Wissens im Bereich des wissenschaftlichen Arbeitens bedanken. Ein Dank geht darüber hinaus an Simon Vogel, Katrin Schier und Lukas Hiller, die mit mir gemeinsam die Zeit als Doktoranden am L-LAB bestritten haben. Danke an Simon für die Hilfe bei den Messungen in Clermont-Ferrand, was keinesfalls selbstverständlich war. Allen hier nicht namentlich genannten Kolleginnen und Kollegen der HELLA ebenfalls ein Dankeschön für die Hilfsbereitschaft und die Unterstützung bei jeglichen Fragen.

Den Mitarbeitenden der Wetterkammer von CEREMA in Clermont-Ferrand möchte ich ebenfalls für die tatkräftige Hilfe bei der Durchführung der Messungen danken.

Zudem bedanke ich mich bei meinen Studierenden Leonard Hänsel, Lars Fastlabend, Michael Gemba, Erisalda Mehmeti, Yushan Miao und

Benedikt Streicher, die mit der gemeinsamen Bearbeitung ihrer Arbeiten auch ihren Teil zu meinen Untersuchungen beigetragen haben.

Ein besonderer Dank geht an meine Partnerin Sandra Averhoff für die seelische Unterstützung und ihr Verständnis insbesondere in den letzten Monaten. Ich bin ebenfalls meiner Familie für die Unterstützung in dieser Zeit dankbar. Danke meinen Eltern Ursula und Hubert Krieft für die Möglichkeit meines Studiums sowie die Förderung bei all meinen Entscheidungen. Des Weiteren danke ich meiner Schwester Kerstin für das Feedback während der Ausarbeitung der schriftlichen Ausfertigung meiner Arbeit.

Es war mir eine Freude und es bleibt ein Lebensabschnitt, den ich niemals vergessen werde.

Lippstadt, Juli 2023 Florian Krieft

ABSTRACT

Automated driving is one of the mega trends in the automotive industry. The importance of camera sensors as a core component is reflected in the application in most automated driving systems. In context of environmental influences, to which the sensors are exposed, fog plays a decisive role. At the same time in automtotive industry high resoluted headlamp systems gain importance in vehicles and provide completely new opportunities. As an example it is possible to adjust light distributions with high precision or project structured light.

In this work, the opportunities of high resolution headlamps are used in combination with camera sensors as a visibility meter in fog. To investigate the use of radiation in the infrared spectrum as well, two infrared radiation sources in conjunction with an infrared camera are used.

The system uses the normally disturbing scattering of the radiation in fog to generate data. Within this work the headlamps are used for the creation of structured light. The changes induced by the fog density are analyzed. The analyse is based on the Mie-theory and the definition of the meteorological optical range (MOR). This is the visibility definition followed by visibility sensors that are used on weather stations. Within the work a distinction is made between changes in the intensity of the scattering as well as spectral changes based on the wavelength depending scattering in aerosols. Additionally changes of the projected light patterns brought into by the high resoluted headlamps and the structure of the fog are distinguished as well. The structure of the fog is based on inhomogenities of the aerosol that are amplified by the headlight. Properties of the headlamp projection as well as the camera, like different mounting positions or resolutions are analyzed to define crucial properties for the realization of this kind of system. Two different camera positions are evaluated. One position is oriented like behind the windshield and one simulates the integration of the camera into the headlamp.

The validation of the mentioned properties was made in the fog chamber of CEREMA in Clermont-Ferrand in France. The investigations have shown, that the angular resolution of the headlamp of 2.50° for the detection of fog represents the optimum. In addition to that the projection of multiple lines is considered as better especially for the detection of higher visibilities. A further improvement of the measurement data can be made by the distribution of the light emission surface over the complete vehicle front. In this scenario the changes of the edge can be used as an information source. The choice of the camera position is not limited to a fixed position, as long as the projection will be adjusted on that. Every position has different advantages which are addressed in the work. Influences due to the underground on the measurement data can be used as information and taken into account by the evaluation. Negative contrasts of the projection pattern seem to be useful to disguise the projection for the human eye to not disturb drivers and other road users by the projection.

The results have generally shown, that such a visibility sensor based on a headlamp system is feasible. A great advantage of the system is, that the implementation is usually only a software issue. In many vehicles no additional hardware needs to be implemented. The system is a reasonable way to transfer the headlamps, originally designed for humans, into the future of automated driving.

Kurzfassung

Das automatisierte Fahren ist einer der Megatrends in der Automobilindustrie. Die Relevanz von Kamerasensoren als eine Kernkomponente spiegelt sich im Einsatz in den meisten automatisierten Fahrsystemen wider. Im Zusammenhang mit den Umwelteinflüssen, denen die Sensoren ausgesetzt sind, spielt Nebel eine entscheidende Rolle. Zugleich halten hochauflösende Scheinwerfersysteme im automobilen Bereich verstärkt Einzug in die Fahrzeuge und bieten völlig neue Möglichkeiten. So ist es zum Beispiel möglich, die Lichtverteilung hochgenau anzupassen und Strukturen zu projizieren.

Aus diesem Grund beschäftigt sich diese Arbeit mit der Nutzung von hochauflösenden Scheinwerfersystemen in Kombination mit Kamerasensoren als Sichtweitensensoren bei Nebel. Um ebenso die Nutzung von Strahlung im infraroten Wellenlängenbereich zu untersuchen, werden für die Untersuchungen zwei infrarote Strahlungsquellen im Zusammenspiel mit einer Infrarotkamera genutzt.

Das System nutzt die normalerweise störende Streuung der Strahlung im Nebel, um Daten zu generieren. Im Rahmen der Arbeit werden dazu durch das Scheinwerfersystem Strukturen in den Nebel eingebracht, deren Veränderung durch den Nebel analysiert wird. Es wird dabei auf die Theorie der Mie-Streuung und die Definition der meteorologischen Sichtweite nach der MOR (engl. meteorological optical range) gesetzt, der Sichtweitendefinition der in Wetterstationen eingesetzte Sichtweitensensoren folgen. In der Arbeit wird zwischen der Intensität der Streuung, spektralen Veränderungen aufgrund des wellenlängenabhängigen Streuverhaltens am Aerosol, einer Veränderung der eingebrachten Struktur durch die hochaufgelöste Scheinwerferprojektion sowie der Struktur, die im Nebel durch die Inhomogenitäten vorherrscht und durch das Scheinwerferlicht verstärkt wird unterschieden. Es werden dabei Eigenschaften der Scheinwerferprojektion sowie der Kamera, wie die Anbauposition oder Auflösung, analysiert, um entscheidende Eigenschaften für die Umsetzung eines solchen Systems zu definieren. Eine Kamera entspricht der Anbauposition hinter der Windschutzscheibe, die andere eines in den Scheinwerfer integrierten Systems.

Die Validierung der erwähnten Eigenschaften wurde in der Nebelkammer von CEREMA in Clermont-Ferrand in Frankreich durchgeführt. Die Untersuchungen haben gezeigt, dass eine Winkelauflösung des Scheinwerfers von 2,50° für die Erfassung von Nebel das Optimum darstellt. Zudem ist die Projektion von mehreren Linien, insbesondere zur Erfassung bei höheren Sichtweiten, als besser anzusehen. Eine weitere Verbesserung der Messdaten kann durch die Verteilung von Lichtaustrittsflächen über die komplette Fahrzeugfront erreicht werden. Die Wahl der Kameraposition ist nicht auf eine feste Position beschränkt, solange die Projektion darauf adaptiert wird. Jede Position besitzt unterschiedliche Vorteile gegenüber einer anderen, was in der Arbeit thematisiert wird. Einflüsse des Untergrundes auf die Messdaten lassen sich als Information nutzen und bei der Auswertung berücksichtigen. Negativkontraste scheinen dabei ein sinnvoller Schritt zu sein, um die Projektionen für das menschliche Auge zu verschleiern und so nicht den Fahrer sowie andere Verkehrsteilnehmer durch selbige zu irritieren.

Die Ergebnisse haben im Allgemeinen ergeben, dass ein solcher Sichtweitensensor über ein Scheinwerfersystem umsetzbar ist. Ein großer Vorteil des Systems ist, dass die Umsetzung in der Regel lediglich eine Softwarefrage ist. Es muss in vielen Fahrzeugen keine zusätzliche Hardware eingebaut werden. Bei dem System handelt es sich um einen sinnvollen Weg, um die hochauflösenden Scheinwerfermodule, die ursprünglich für den Menschen konzipiert wurden, in die Zukunft des automatisierten Fahrens zu überführen.

Inhaltsverzeichnis

Kapitel 1

Einleitung

Das computergestützte hochautomatisierte (Level 4) oder gar vollautomatisierte Fahren (Level 5) [1] ist einer der Megatrends in der Automobilindustrie. Autos sollen sich in Zukunft sicher fahrerlos über die Straßen bewegen. Um das zu realisieren, beschäftigen sich Automobil- und Sensorhersteller mit der Frage, welche Informationen des Umfeldes für die Realisierung nötig sind und wie diese Informationen von der Sensorik erfasst werden sollen [2] [3].

In der vorliegenden Arbeit wird für Personenbezeichnungen jeweils nur ein grammatikalisches Geschlecht verwendet, womit jedoch immer alle Geschlechter gemeint sind.

1.1 Motivation

Im Rahmen der Entwicklung wird diskutiert, wie ein Fahrzeug die Umgebung wahrnehmen kann und welche Informationen relevant sind. Es werden die Fragen behandelt, welche Informationen der Mensch für seine Wahrnehmung nutzt und welche dieser Informationen für das automatisierte Fahren von Relevanz sind.

Schaut man sich die verschiedenen Automobil- und Sensorhersteller an, so stellt man schnell fest, dass es nicht die eine Formel zu geben scheint, nach der entschieden wird, welche Sensortechnologie ausschlaggebend für die Realisierung des automatisierten Fahrens ist. Vielmehr scheint es zum aktuellen Zeitpunkt unterschiedliche Herangehensweisen an das Thema zu geben. Betrachtet man Hersteller wie Waymo, so fahren in Los Angeles bereits Fahrzeuge fahrerlos über öffentliche Straßen [4]. Mercedes hat ein Fahrsystem entwickelt, welches nach Freigabe durch das Kraftfahrt-Bundesamt (KBA) automatisiert über deutsche Autobahnen fahren [5] [6] und ebenso selbstständig einparken darf [7] [2]. Tesla ermöglicht seinen Kunden in Amerika das automatisierte Fahren nach Level 3 [1]. Möglich ist dies durch die sogenannte Full Self-Driving Beta, welche auf in den Fahrzeugen verbauten Kamerasystemen basiert [2]. Dass die Systeme noch nicht am Ende ihrer Entwicklung stehen, wird schnell deutlich, wenn man genauer auf die Bedingungen für die Inbetriebnahme schaut oder öffentlichen Aussagen von Entwicklern in den Bereichen Vertrauen schenkt [8] [9] [10]. Waymo unterstützt, ähnlich wie Mercedes, nur das Fahren in eingemessenen und fest definierten Bereichen [5]. Mercedes beispielsweise ist auf eine sonnige Umgebung angewiesen und lässt das System nur auf den eingemessenen Autobahnabschnitten oder definierten Parkhäusern seine Aufgabe erledigen [5] [6]. Zudem liegt die maximal zugelassene Fahrzeuggeschwindigkeit bei 60 km/h, das System arbeitet nur bei Tageslicht, nicht in Tunneln sowie Baustellen und nur bei Temperaturen über 3 °C [5] [6]. Das Tesla-System in Deutschland beispielsweise übergibt laut Aussagen von Kunden [11] [12] [13] die Fahraufgabe bei schlechtem Wetter an den Fahrzeugführer.

Betrachtet man die eingesetzten Sensortechnologien, so nutzt Waymo aktuell eine große Vielzahl an Sensoren wie Kamera, LiDAR und Radar für ihr automatisiertes Fahrsystem [14] [15]. Basierend auf der öffentlichen Kommunikation scheint die große Anzahl an verschiedenen Sensortypen für Waymo der richtige Weg zu sein [14] [15]. Untermauert wird das durch die Aussagen des ehemaligen Chief Executive Officers (CEO) von Waymo, John Krafcik, bezüglich des Ansatzes von Tesla, auf weniger Sensortypen zu setzen [16]. Die öffentlich ausgetragene Diskussion zwischen Elon Musk als CEO von Tesla und Krafcik zeigt zudem die Unstimmigkeiten zur Wahl der Sensortechnologien, die aktuell noch nicht abgeschlossen zu sein scheint [17].

Die aktuellen Systeme und Entwicklungen des automatisierten Fahrsystems von Tesla sowie die Interviewaussagen von Elon Musk zeigen, dass sich die Firma an der Art der menschlichen Wahrnehmung orientiert [18]. Tesla setzt zum aktuellen Stand auf ein System, das rein auf Kameras basiert. Musk untermauerte am Tesla AI Day 2019, dass er LiDAR für unnötig halte [18]. Radar sei der einzig sinnvolle zusätzliche Sensor, bezogen auf das automobile Umfeld, um die Umgebung auch unter widrigen Umgebungsbedingungen, bei Regen, Nebel und Schnee, wahrnehmen zu können [18]. Die Wellenlängen von LiDAR-Sensoren seien zu anfällig und Kameras würden bereits das elektromagnetische Spektrum nahe dem der LiDAR-Sensoren abdecken, so Musk [18]. Die Ansicht bezüglich Radar hat sich bei Tesla jedoch geändert, da das Unternehmen 2021 damit begonnen hat, Radar Sensoren aus den Fahrzeugen zu verbannen und rein auf Kamera sowie Ultraschallsensoren zu setzen. 2022 ging Tesla den Schritt, die Ultraschallsensoren nicht mehr in den Fahrzeugen zu verbauen [19] [20]. Allerdings deuten erste Anzeichen auf eine Rückkehr von Radarsensoren in den Fahrzeugen von Tesla hin [21].

Automobilhersteller wie Audi oder Mercedes, aber auch weitere Firmen, setzen ähnlich wie Waymo auf eine möglichst große Anzahl an Sensortechnologien [22]. Was jedoch alle aktuell veröffentlichten Fahrsysteme gemeinsam haben, ist der Verbau von Kamerasensoren.

Was ebenso ersichtlich wird, ist der Bedarf an Informationen über die vorherrschenden Umweltbedingungen. Auch die automatisierten Systeme benötigen Umweltinformationen, um auch bei Störbedingungen wie Regen, Nebel oder Schnee die Fahraufgabe zu übernehmen und die Sensorverarbeitung gezielter umzusetzen. Sowohl die Störungen in der Luft als auch auf dem Boden, zum Beispiel durch Glätte oder Nässe, sind dabei von Interesse, sofern man sich aktuelle Unfallstatistiken anschaut [23] [24] [25]. Auch beim automatisierten Fahren spielen eine geringere Haftung zwischen Fahrbahn und Fahrzeug bei Nässe oder Fahrbahnglätte sowie geringere Sichtweiten bei Nebel eine Rolle. Im manuellen Fahrbetrieb führte das in der Vergangenheit bereits zu mehreren tausend Verkehrsunfällen mit Personenschaden jährlich [23] [24]. Fahrsysteme müssen in der Lage sein, die richtige Fahrzeuggeschwindigkeit und angemessene Fahrmanöver auszuwählen.

Auf der anderen Seite gibt es im Scheinwerferbereich hochauflösende Systeme [26] [27]. Scheinwerfer sind mittlerweile Projektoren, die dem Fahrer eine verbesserte Unterstützung bei der Fahraufgabe bieten können. Dabei geht es um das blendfreie Fernlicht und die damit einhergehende bessere Beleuchtung der Umgebung oder um Funktionen wie den Optical Lane Assistant der HELLA GmbH & Co. KGaA, bei dem die Fahrzeugbreite über Linienmuster in besonders engen Situationen auf die Fahrbahn projiziert werden kann. Zugleich können durch die hohe Auflösung andere Verkehrsteilnehmer markiert oder Symbole als Informationsquelle projiziert werden [28] [29] [30]. All das sind Funktionen, die der Person, die das Fahrzeug führt, eine Unterstützung bieten und auf diese Person ausgelegt sind.

1.2 Zielsetzung und Abgrenzung der Untersuchungsfelder

Hier kommt das Thema der vorliegenden Arbeit zum Tragen. Als neuer Ansatz werden Kameramodule mit einem Scheinwerfersystem gekoppelt. Die Lichtverteilung wird hier für die Kamera ausgelegt. Das Scheinwerfersystem projiziert Strukturen in das Fahrzeugumfeld, die durch die Kameramodule aufgenommen werden (vgl. Abbildung 1.1).

Abbildung 1.1: Eine Linienprojektion durch einen hochauflösenden Scheinwerfer in den Nebel auf dem Fichtelberg in Sachsen.

Es werden Veränderungen in der Projektion durch Wettereinflüsse erfasst, die im Rahmen dieser Arbeit für die Erfassung und Charakterisierung von Nebel genutzt werden. Die Auswertung der Sichtweite erfolgt unter Berücksichtigung der Mie-Theorie und der Definition der meteorologischen Sichtweite nach der MOR, die der in Messgeräten genutzten Sichtweitendefinition der Weltorganisation für Meteorologie (engl. World Meteorological Organization; WMO) entspricht. Dies ist eine wichtige Information, die einer optimierten Sensordatenverarbeitung, der Anpassung der Fahraufgabe oder als Information in Form einer vorgeschlagenen maximalen Geschwindigkeit für den Fahrer dient. Darüber hinaus werden weitere Phänomene wie die Erfassung von Untergrundnässe und der Einfluss durch Veränderungen des Untergrundes untersucht. Es werden Parameter betrachtet, die sich unmittelbar auf die Eigenschaften für die Umsetzung eines solchen Systems beziehen.

Im Rahmen der Arbeit wurden dafür zwei Sensorprototypen aufgebaut, die für die Untersuchung der optimalen Scheinwerfer- beziehungsweise Kameraparameter genutzt werden. Ebenso geht es um Bildverarbeitungsparameter, damit die Informationen mit hoher Genauigkeit erfasst werden können. Um die Einflüsse und Möglichkeiten ebenso im infraroten (IR) Wellenlängenbereich zu untersuchen, wurde ein zweites System aus IR-Strahlungsquellen sowie einer Kamera aufgebaut. Es geht zum einen darum, das System als Konkurrenzsystem zur Nutzung eines Scheinwerfers zu betrachten. Zum anderen soll der Zusatznutzen des Einsatzes von Sensoren wie LiDAR oder einer Gated Camera, die beide ebenfalls im IR-Bereich arbeiten, im automobilen Umfeld für eine solche Nebelerfassung geprüft werden.

Das Ziel der Arbeit ist es, die Umsetzung eines Sensors auf Basis von hochauflösenden Scheinwerfer- und Kameramodulen zu realisieren. Für das IR System werden Strahler ohne einzeln schaltbarer Strahlungssegmente genutzt. Die zuvor beschriebene Veränderungen der Struktur werden im Scheinwerferspektrum betrachtet und sind auf den IR-Bereich zu übertragen. Deshalb wird hier der Fokus auf die Nutzung des hochauflösenden Scheinwerfers für die Strukturprojektion gelegt. Folgende Fragen werden im Rahmen der Arbeit betrachtet:

- Lassen sich theoretische Erkenntnisse aus der Streuung elektromagnetischer Strahlung bei Nebel mit solchen Systeme nachvollziehen?
- Zeigt sich in der Intensität der Streuung der Strahlungsquelle ein charakteristisches, für die Sichtweitenbestimmung nutzbares Verhalten?
- Welchen Einfluss haben Hardwareeigenschaften wie die Auflösungen der Kamera sowie des Scheinwerfers?
- Lässt sich die spektrale Verteilung einer LED-Strahlungsquelle für die Systemumsetzung nutzen?
- Welchen Einfluss hat die Positionierung der Kameramodule?
- Welchen Einfluss hat die Fahrbahn auf die Untersuchungsgrößen?

1.3 AUFBAU DER ARBEIT

Zu Beginn der Arbeit werden die Grundlagen eingeführt, die für die Systemumsetzung nötig sind. Dabei handelt es sich um die physikalischen Effekte der Streuung an Aerosolen, die bei der Streuung elektromagnetischer Strahlung auftreten. Zugleich geht es um die Sichtweitendefinition nach der MOR, die in aktueller Messtechnik zum Einsatz kommt. Es wird der Kamerasensor vorgestellt, um für die Untersuchungen ein Grundverständnis für die Daten und die technischen Möglichkeiten zu erlangen. Bildverarbeitungsverfahren, die für die Extraktion der Streuungsinformationen aus dem Sensordatenstream benötigt werden, werden ebenso behandelt.

Anschließend werden die Forschungsthemen hergeleitet. Hier findet zum einen, basierend auf wissenschaftlichen Veröffentlichungen, eine Betrachtung bisheriger Arbeiten im Feld der kamerabasierten Umwelterfassung statt. Zum anderen wird der Neuheitswert der Arbeit herausgestellt und in den aktuellen Forschungsstand eingegliedert.

Im darauf folgenden Kapitel werden die Prototypen, die für die Untersuchungen aufgebaut wurden, vorgestellt. Es wird aufgezeigt, welche technischen Möglichkeiten es in Bezug auf die Kamera- sowie Scheinwerferhardware gibt und wieso im Rahmen der Arbeit die Hardwarekomponenten ausgesucht wurden.

Darauf folgend werden die experimentellen Untersuchungen erläutert, die in einer Wetterkammer von CEREMA in Clermont-Ferrand in Frankreich durchgeführt wurden [31] [32]. Dort kann auf Wasserbasis Nebel mit einer realen Tröpfchendurchmesserverteilung erzeugt und es können unter nahezu gleichbleibenden Bedingungen reproduzierbare Messungen durchgeführt werden [31] [32]. Es werden alle Sensorparameter untersucht, die zu der Beantwortung der Fragestellungen nötig sind. Ebenso werden hier mögliche Fehlerquellen beschrieben.

Die Arbeit schließt mit einer Diskussion der Ergebnisse und einer Einordnung selbiger in den aktuellen Stand der Technik sowie einem Ausblick ab. Hier geht es um die Aussagekraft der Messergebnisse und eine Diskussion bezüglich der Hardwareparameter für die Umsetzung des in der Arbeit vorgestellten Kamera-Scheinwerfer-Sensors. Ebenso ist ein Teil die Einordnung der Ergebnisse für die IR-Sensoren.

KAPITEL 2

PHYSIKALISCHE UND TECHNISCHE GRUNDLAGEN

In diesem Kapitel wird die Streuung als Hauptphänomen im Nebel, sowie die Art der Beschreibung der Nebelsituation über die meteorologische Sichtweite behandelt. Im Anschluss werden die Hauptbestandteile der genutzten Hardware, also das LED-Leuchtmittel und die Kamera, sowie die für das Verständnis nötigen Bildverarbeitungsverfahren beschrieben.

2.1 STREUUNG

Mit dem Begriff *Streuung* ist in der Physik im Allgemeinen die Ablenkung eines Teiles der in einem Medium eingebrachten Strahlung beim Durchgang durch selbiges gemeint. Sie setzt sich aus den Intensitätsanteilen von Reflexion, Brechung und Beugung zusammen [33]. Das Medium kann ein Festkörper, ein Gas, eine Flüssigkeit oder ein Aerosol sein [34]. Die Strahlung wie zum Beispiel Licht kann sowohl an freien Atomen oder Molekülen als auch an festen Körpern wie kleinen Mikropartikeln (Rauch, Staub) oder Flüssigkeitströpfchen (Nebel, Regen) gestreut werden. Wasserpartikel in der Luft werden auch als *Hydrometeore* bezeichnet [35]. Durch Wind oder auf anderen Wegen aufgewirbelte feste Partikel in der Luft werden *Lithometeore* genannt [35]. Die auftretende Streuung an den Partikeln ist dabei teilweise kohärent. *Kohärenz*

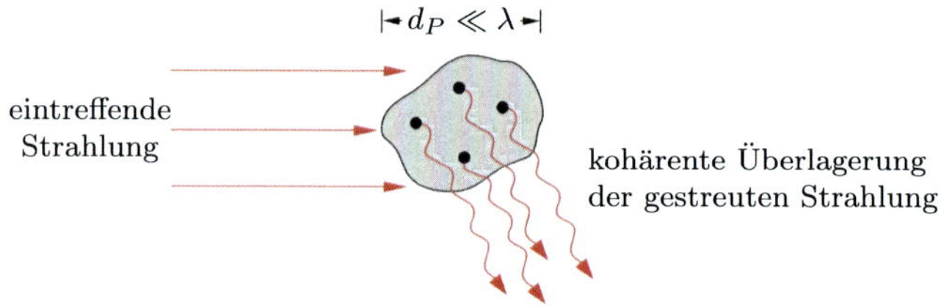

Abbildung 2.1: Kohärente Streuung eintreffender Strahlung an einem Partikel mit dem Durchmesser d_P. Abweichend von der Quelle wurde die Beschriftung angepasst. [36]

ist eine Phasenbeziehung und bedeutet, dass zwischen mehreren Wellen (zum Beispiel elektromagnetischen Wellen) keine Phasenverschiebung vorherrscht [36]. Grund dafür ist, dass hier die Streuung auf molekularer Ebene stattfindet. Sie tritt an kleinen Partikeln auf, die aus nur wenigen Molekülen bestehen. Folglich liegen die Streuquellen dicht beieinander, was zu einer starken Kohärenz der Streustrahlung führt, weshalb sich die Amplituden der Streustrahlung aufaddieren lassen [36] [37]. Je kleiner der Partikel, umso kohärenter wird die Streuung [36] [37]. Abbildung 2.1 veranschaulicht den Effekt.

Wie die Abbildung 2.2 zeigt, ist die Streuung ein Resultat der Interaktion der eintreffenden elektromagnetischen Strahlung des Primärstrahls mit einem Partikel, die in einer in alle Raumrichtungen gestreuten Strahlung resultiert. Der Partikel befindet sich dabei in einem Aerosol oder einem anderen Medium. Als Streuwinkel beschreibt man in diesem Zusammenhang den Winkel zwischen der Längsachse der eintreffenden Strahlung (hier: Primärstrahl) und der Streustrahlung (hier: Sekundärstrahlung) [38]. In der Darstellung ist beispielhaft ein Streuwinkel für einen der Sekundärstrahlen eingezeichnet.

Für jeden der Sekundärstrahlen existiert somit ein eigener Streuwinkel, der auf die Richtung des Primärstrahls bezogen wird. Stellt man die Intensitäten der Reflexionen je Raumrichtung als Vektoren dar und

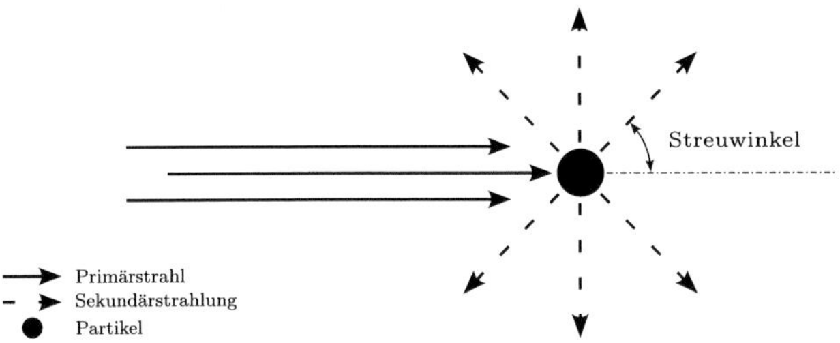

Abbildung 2.2: Darstellung einer Vereinfachung des Streuprozesses der durch den Primärstrahl eintreffenden Strahlung am Partikel.

umrahmt alle, so erhält man eine kontinuierliche geschwungene Linie, wie Abbildung 2.3 in Form eines Polardiagramms zeigt.

Je nach Partikelgröße und Wellenlänge erhält man unterschiedliche Intensitätsverteilungen, was aus der Verschiebung zwischen Vor- und Rückwärtsstreuung sowie der Streuung zu den Seiten resultiert. Handelt es sich bei dem Partikel um eine Sphäre, so ist die Streuung zugleich rotationssymmetrisch um die Einfallsrichtung [39], wie die Abbildung 2.4 zeigt. Hier dargestellt ist ein gleich großer Anteil an Vor- und Rückwärtsstreuung.

2.1.1 STREUQUERSCHNITT

Spricht man bei einem Streuprozess vom Streuquerschnitt oder auch Wirkungsquerschnitt, muss zwischen dem *differentiellen* und dem *totalen Streuquerschnitt* unterschieden werden.

Der *differentielle Streuquerschnitt* σ_{diff}, oft auch nur als σ abgekürzt, ist definiert als das Verhältnis zwischen der Strahlstärke I, also dem Strahlungsfluss Φ bezogen auf den Raumwinkel Ω (siehe Abbildung 2.5), und der Strahlungsflussdichte E [40] [36].

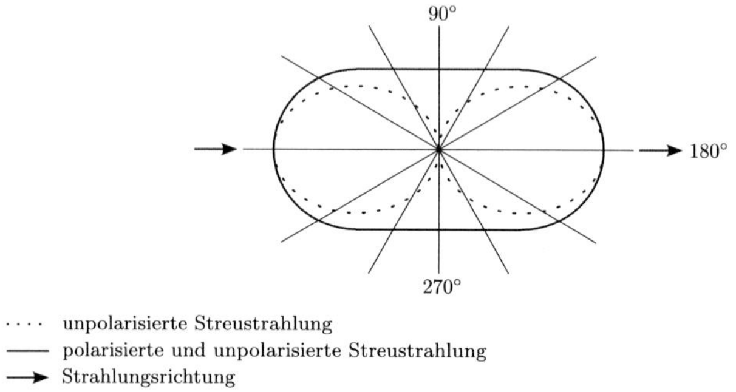

Abbildung 2.3: Ein stark vereinfachter Streuprozess an einem Partikel, der sich im Zentrum befindet. Die Streustrahlung unterteilt sich in einen unpolarisierten und polarisierten Anteil. Die Darstellung ist eine aufgearbeitete Form der Abbildung aus *Lexikon der Physik* [34].

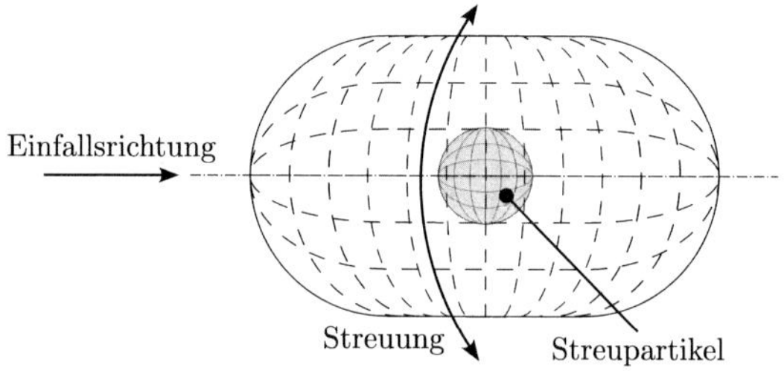

Abbildung 2.4: Rotationssymmetrie der Streuung am Streupartikel entlang der Einfallsrichtung.

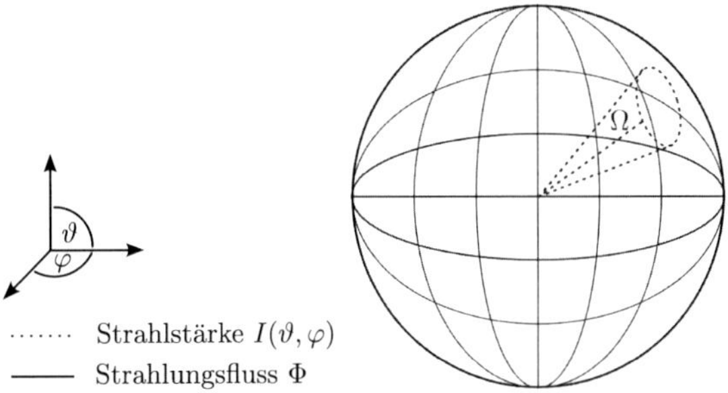

Abbildung 2.5: Die Sphäre stellt den kompletten Strahlungsfluss Φ dar, der von einem Partikel als Streuung ausgeht. Der gestrichelte Trichter steht für die Strahlstärke I, also einen Teil der gesamten Streuung. Der Streupartikel befindet sich im Zentrum der Streuung.

$$\sigma_{diff} = \frac{I}{E} \tag{2.1}$$

Die Strahlstärke I ist wie folgt definiert:

$$I = \frac{d\Phi(\vartheta, \varphi)}{d\Omega} \tag{2.2}$$

Der Abbildung 2.5 ist die Winkelabhängigkeit des differentiellen Streuquerschnitts zu entnehmen. In dem Fall der hier dargestellten sphärischen Abstrahlcharakteristik ist der Wert bei jedem Winkel konstant. In der Realität jedoch unterscheidet er sich in Abhängigkeit vom Raumwinkel, was bei Berechnungen berücksichtigt werden muss.

Der *totale Streuquerschnitt* σ_{tot} hingegen ist unabhängig vom Winkel, da er die Gesamtheit aller differentiellen Streuquerschnitte umfasst. Er ist das Integral selbiger über $d\Omega$. [40]

$$\sigma_{tot} = \int \sigma_{diff}(\vartheta, \varphi) d\Omega \tag{2.3}$$

Der differentielle Streuquerschnitt ist definiert als das Verhältnis des in alle Raumrichtungen gestreuten Strahlungsflusses Φ zur Strahlungsflussdichte E, die auf den Streupartikel trifft.

$$\sigma_{tot} = \frac{\Phi}{E} \tag{2.4}$$

Dabei ist die Strahlungsflussdichte in $\frac{W}{m^2}$ der Strahlungsfluss, der auf eine definierte Fläche trifft. Der Strahlungsfluss ist die Menge einer Strahlung. Man sucht also die Fläche, die von der Streustrahlung eingenommen wird. Durch die mathematische Division der beiden Größen erhält man den Wert einer Fläche in m^2, den *totalen Streuquerschnitt*.

Ähnlich wie man zum Beispiel anhand des Wissens über die Dichte eines Mediums und einem geforderten Gewicht auf das Volumen des Mediums schließen kann, verhält es sich mit dem differentiellen Streuquerschnitt. Für die Formel ist es nötig, die Dichte sowie den Anteil an reflektierter Strahlung zu kennen. Mit diesen Größen kann man auf den Querschnitt der Strahlung schließen.

2.1.2 EXTINKTIONSKOEFFIZIENT UND TRANSMISSIONSKOEFFIZIENT

Die elektromagnetische Strahlung unterliegt bei der Durchdringung von Aerosolen der Absorption und Streuung, also der sogenannten *Extinktion* [39]. Der *Extinktionskoeffizient* beschreibt in diesem Zusammenhang die Abschwächung der Strahlung durch das Aerosol. Je höher der Wert, umso stärker wird die elektromagnetische Strahlung abgeschwächt [37]. Definiert wird er über die Abschwächung eines durch eine Glühfadenlampe mit einer Farbtemperatur von 2700 K ausgesandten, kollimierten Strahlungsbündels [35] [41]. Er beschreibt also den Anteil der Strahlung, der dem Strahlungsbündel durch die Streuung und Absorption entnommen wird [41] [35]. Der *Transmissionskoeffizient T* besitzt per Definition die gleichen Randbedingungen und beschreibt dahingegen den Teil der Strahlung, die dem Strahlenbündel erhalten bleibt. Er ist als das Verhältnis von empfangener F zur ausgesandten Strahlung F_0 definiert [41].

$$T = \frac{F}{F_0} \tag{2.5}$$

Zur Streuung wurden diverse Theorien aufgestellt, von denen im Folgenden zwei vorgestellt werden, deren Grundvoraussetzungen sich in der Beziehung von Partikeldurchmesser zu Wellenlänge unterscheiden.

2.1.3 RAYLEIGH-STREUUNG

Als *Rayleigh-Streuung* wird die Streuung bezeichnet, die auftritt, wenn der Teilchendurchmesser d_P der Teilchen, an denen Licht gestreut wird, sehr klein gegenüber der Wellenlänge λ der elektromagnetischen Strahlung ist, also die Bedingung $d_P << \lambda$ erfüllt ist. Sie setzt zudem den Fall der Einfachstreuung voraus, bei dem ein Strahlenbündel an einem einzelnen Teilchen gestreut wird [33]. Für die Wellenlänge von Licht werden in der Literatur leicht unterschiedliche Wellenlängenbereiche genannt, die sich zwischen 380 und 780 nm bewegen [42] [35] [43] [44]. Bei den Teilchen handelt es sich vor allem um Moleküle der Luft, wie kleine Aerosolteilchen mit Leneardimensionen unter 0,1 μm [39]. Aufgrund der Größe der Teilchen sind die gestreuten Lichtstrahlen, wie zuvor beschrieben, zueinander kohärent. [36]

Allgemein wird kurzwelliges Licht stärker gestreut als langwelliges. Die Intensität I_S des gestreuten Lichtes unterliegt dabei der Abhängigkeit zur Wellenlänge λ, wie folgende Gleichung zeigt: [39] [45] [46] [47]

$$I_S \sim \frac{1}{\lambda^4} \tag{2.6}$$

Insbesondere sichtbar wird die Wellenlängenabhängigkeit des Effekts an der blauen Erscheinung des Himmels. Die stärkere Streuung des kurzwelligen blauen Anteils führt zu einer stärkeren Extinktion dieses Wellenlängenbereichs und somit zum blauen Erscheingungsbild [39]. Je nach Partikelkonzentration in der Atmosphäre kann dieser Effekt verstärkt oder abgeschwächt werden [39]. Bei der Rayleigh-Streuung kommt es zudem zu keiner Bevorzugung der Vorwärtsstreuung, was dazu führt, dass der Anteil der Vorwärtsstreuung in etwa dem der Rückwärtsstreuung entspricht [39]. Größere Partikel wiederum führen zur Theorie der *Mie-Streuung*.

2.1.4 MIE-STREUUNG

Die Theorie der *Mie-Streuung* basiert auf den Maxwellschen Gleichungen und befasst sich mit dem speziellen Fall, dass die Durchmesser der Teilchen, an denen die Strahlung streut, in der Größenordnung der Wellenlänge liegen [46] [48]. Sie setzt ebenfalls den Fall der Einfachstreuung voraus [49] [48] [33]. Die Theorie wurde für sphärische Teilchen aufgestellt, allerdings im Laufe der Jahre mithilfe der Nutzung des effektiven Radius auch für nicht sphärische Teilchen angenähert [39]. Als Partikel, an denen im Falle von Licht die Mie-Streuung auftritt, sind beispielhaft kleine Aerosolpartikel, Dunstteilchen sowie Wolken- und Nebeltröpfchen zu nennen [39]. Die Durchmesser der Wasserpartikel im Nebel variieren sehr stark. Laut Literatur betragen die Durchmesser zwischen 1 und 70 μm sowie teilweise darunter [50], wobei die größte Anzahl der Partikel einen Durchmesser zwischen 1 und 10 μm besitzt [51] [39] [39] [52] [53]. Es treten dabei in der Regel zwischen 100 und 300

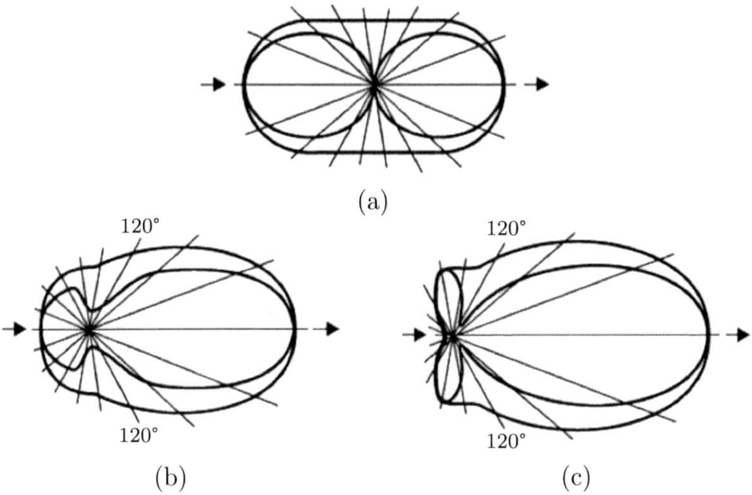

Abbildung 2.6: Darstellung von Strahlendiagrammen in Form von Polardiagrammen für Goldkügelchen, denen der Mie-Effekt, also die zunehmende Vorwärtsstreuung bei wachsendem Teilchenradius, zu entnehmen ist. Die Pfeile entsprechen der Einfallsrichtung der gestreuten Strahlung und die Winkelangaben beispielhaften Abstrahlwinkeln. (a) Rayleigh-Streuung: Teilchenradius $R \ll \lambda$, (b) R = 0,08μm und (c) R = 0,09 μm. Die äußeren Kurven geben die Gesamtintensität, die inneren die Intensität des unpolarisierten Anteils der Streustrahlung an. Die Beschriftung aus der Ursprungsquelle und die Position der einzelnen Darstellungen wurden angepasst [40].

Wasserpartikel pro cm^3 auf [52] [39]. Die Werte können jedoch je nach Region und sogar je nach Tageszeit stark voneinander abweichen [52] [53].

Verändert sich im Falle des Streuprozesses der Partikeldurchmesser, so ändert sich zugleich auch das Verhältnis zwischen Vor- und Rückwärtsstreuung, was in Abbildung 2.6 zu sehen ist. Aufgrund des größeren Teilchendurchmessers bei der Mie-Streuung nimmt die Wellenlängenabhängigkeit im Vergleich zur Rayleigh-Streuung ab [39]. Es liegt jedoch nach wie vor eine Abhängigkeit bezüglich der Wellenlänge vor [54] [39].

In der Literatur lässt sich ein Zusammenhang bezogen auf den Extinktionskoeffizienten σ_e zur Wellenlänge λ von $\lambda^{-1,0}$ bis $\lambda^{-1,5}$ finden [39] [47]. Aufgrund der vielen Variablen findet sich in der Literatur auch ebenso eine Proportionalität des Extinktionskoeffizienten zur Wellenlänge von $\lambda^{-1,3}$ [39]. Das macht deutlich, dass diese Proportionalität eine starke Vereinfachung des komplexen Zusammenhangs darstellt.

Da sich die Intensitätsverteilung der Mie-Streuung nicht analytisch beschreiben lässt [39], ist eine mögliche Beschreibung der relative Streuquerschnitt K [46]. Der Streuquerschnitt wird im Folgenden, abweichend der Verwendung in der Quelle, als σ_{rel} bezeichnet:

$$\sigma_{rel} = \frac{\sigma_{tot}}{\pi \cdot R^2} \tag{2.7}$$

Hierbei steht σ_{tot} für den totalen Streuquerschnitt und $\pi \cdot R^2$ für die Teilchenfläche (Kreisfläche). R ist der Teilchenradius. Der relative Streuquerschnitt liegt für diverse Brechungsindices der Streupartikel tabellarisch vor [46] [39].

2.1.5 Reflexion an benetzten Oberflächen

Findet die Streuung in der Luft nahe dem Untergrund statt, muss immer auch die Auswirkung der Reflexion auf den Untergrund berücksichtigt werden. Abbildung 2.7 zeigt die Skizze einer (a) geteerten Fahrbahnoberfläche sowie das (b) angedeutete Streuverhalten auf selbiger. Eine geteerte Fahrbahnoberfläche setzt sich in der Regel aus Bereichen zusammen, an denen auftreffende Strahlung gespiegelt, gestreut oder absorbiert wird [55]. Es gibt dabei keinen einfachen Zusammenhang zwischen dem auf der Fahrbahn auftreffenden Licht und der Reflexion auf der strukturierten Oberfläche [55] [56].

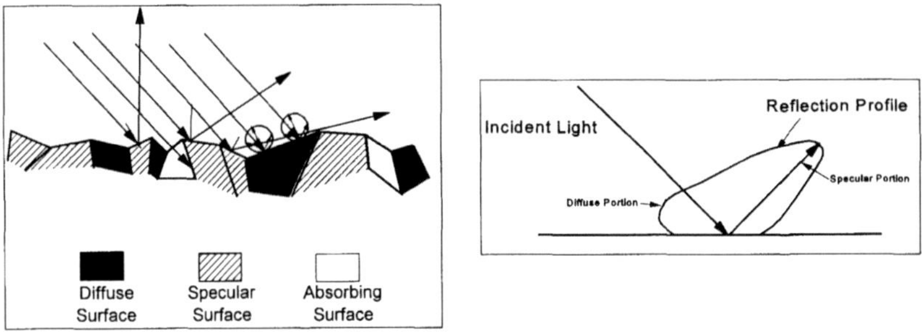

(a) (b)

Abbildung 2.7: Die (a) geteerte Fahrbahn besteht an der Oberfläche aus diffusen, spiegelnden und absorbierenden Bereichen. Die (b) Reflexion des auf der Fahrbahnoberfläche auftreffenden Lichtes unterteilt sich in einen diffusen und einen gespiegelten Anteil. [55]

Zum Thema der Reflexion auf der Fahrbahn gibt es verschiedene Veröffentlichungen, in denen Messungen zur Reflexion vorgestellt werden. In den Messungen ist in aller Regel ein diffuser Reflexionsanteil zu erkennen, der auf die Fahrbahn auftretende Strahlung in alle Raumrichtungen reflektiert [57] [58] [59]. Ebenso gibt es eine gerichtete Komponente, die dafür sorgt, dass die Reflexion in eine bestimmte Richtung stärker erfolgt und die Fahrbahn somit je nach Betrachtungswinkel unterschiedlich hell erscheinen kann [55] [57] [58] [59] [56]. Sie ist somit kein Lambert-Strahler [60]. Wird die Fahrbahn durch Feuchtigkeit benetzt, sinkt der Anteil der Rückreflexion aus Richtung der Strahlungsquelle [58].

2.2 METEOROLOGISCHE SICHTWEITE

Die Definition und Bestimmung der *meteorologischen Sichtweite* (MOR; meteorological optical range) ist für diese Arbeit entscheidend, da es sich um eine der Schlüsselgrößen handelt, die zur Auswertung der Messungen genutzt wird. Die Sichtweite als Eigenschaft beschränkt sich dabei nicht auf Nebel, sondern wird auch für die Beschreibung anderer Wetterphänomene wie Regen oder Schnee genutzt. Die Partikelgrößen zwischen den einzelnen Phänomenen unterscheiden sich stark, was Auswirkungen auf die zuvor genannten Phänomene der Gesetzmäßigkeiten der Streuung, aber auch auf die noch folgenden Messprinzipien hat. Wie zuvor beim Unterkapitel 2.1 erwähnt, besitzen Luftpartikel Durchmesser von 0,1 μm [39]. Der große Teil der Durchmesser von Nebelpartikeln liegt zwischen 1 und 10 μm [51] [39] [52] [53]. Weitere Details sind im Unterkapitel 2.1.4 zu finden.

Anfangs war die Sichtweite eine Größe, die von einem Beobachter wahrgenommen wird. Die Schätzung der Sichtweite durch einen solchen Beobachter hängt dabei von verschiedensten physikalischen, aber auch subjektiven Faktoren ab. Die sogenannte meteorologische Sichtweite wird dabei durch ein ideal schwarzes Objekt mit angemessener Größe ermittelt [35] [41]. Das Objekt befindet sich bei Tageslicht vor dem Himmel und kann von dem Beobachter gerade noch so wahrgenommen werden [35] [41]. Als Kontrastschwelle präsentierten 1924 Koschmieder und Helmholtz einen Wert von 2 %, die für den Beobachter in einer bestimmten Entfernung bei einer vorherrschenden Beeinflussung durch das Wetter ausreichen, um das Objekt wahrnehmen zu können. Die Entfernung zum Objekt entspricht der Sichtweite [61] [41]. Die Kontrastschwelle von 2 % wurde von da an im Allgemeinen für diese Art der Sichtweitendefinition genutzt. Andere Veröffentlichungen nannten Werte von bis zu 7 % als geeignete Kontrastschwelle. Durch die Nutzung der Sichtweite in der Luftfahrt und die schlechtere Unterscheidung der Rollbahnmarkierungen vom Untergrund wurde die Schwelle von Koschmieder/Helmholtz auf 5 % angehoben und ist in die Definition der MOR eingeflossen [41].

Die zuvor genannte Definition der MOR ist eine messtechnisch erfassbare Größe. Neben den Umgebungseinflüssen und den Einflüssen durch den Beobachter wird hierbei die Transmissionseigenschaft von Strahlung durch die Atmosphäre berücksichtigt. Die Definition nutzt den Lichtstrom einer kollimierten Glühfadenlampe mit einer Farbtemperatur von 2700 K. Die Entfernung, bei welcher der ursprünglich ausgesandte Lichtstrom an einer Empfangseinheit auf 5 % seiner Intensität abfällt, entspricht der Sichtweite. [41]

Wird im Folgenden von der Sichtweite gesprochen, ist dabei die messbare MOR und nicht die zuvor genannte, durch einen Beobachter ermittelte Größe gemeint. Von Nebel wird gesprochen, sofern Sichtweiten von 1000 m oder darunter vorherrschen [41] [35]. Sichtweiten von 400 m sowie geringer werden in der Regel als für den Straßenverkehr gefährlich angesehen [62] [63] [64] und ab Sichtweiten kleiner gleich 50 m darf nach der StVO § 17 Absatz 3 die Nebelschlussleuchte angeschaltet werden [65]. Somit besitzen dieser Sichtweitenbereich im Straßenverkehr die höchste Relevanz.

2.2.1 MESSMETHODEN

Das *Bouguer-Lambert-Gesetz* ist eine grundlegende Gesetzmäßigkeit in der Sichtweitenbestimmung [41]. Es beschreibt den Zusammenhang zwischen dem ausgesandten Lichtstrom F_0, der bei Durchgang durch ein Aerosol über die Entfernung x_D durch den Extinktionskoeffizienten des Mediums σ_e (in der Literatur teilweise mit σ abgekürzt) abgeschwächt wird [41] [66]. Für den Extinktionskoeffizienten findet man in der Literatur, abhängig der Sichtweite und der Wellenlänge, Werte zwischen 0,016 und 0,230 m^{-1} [67]. Der Lichtstrom, der nach der Entfernung x_D den Betrachter beziehungsweise ein Messgerät erreicht, ist F. Das Bouguer-Lambert-Gesetz [41] lautet wie folgt:

$$F = F_0 \cdot e^{-\sigma_e \cdot x_D} \tag{2.8}$$

Für die Sichtweitenbestimmung ist das Verhältnis von F zu F_0 von Bedeutung. Das Verhältnis beider Größen nennt man den Transmissionsgrad T:

$$T = \frac{F}{F_0} \tag{2.9}$$

Werden die Formeln 2.8 und 2.9 miteinander kombiniert, erhält man den folgenden Zusammenhang:

$$\frac{F}{F_0} = e^{-\sigma_e \cdot x_D} = T \tag{2.10}$$

Berücksichtigt man nun die MOR Definition, dass 5 % der ausgesandten Strahlung am Empfänger ankommen soll, ist $T = 0{,}05$. Die Entfernung x_D wird aufgrund dessen zur Sichtweite P:

$$T = 0{,}05 = e^{-\sigma_e \cdot P} \tag{2.11}$$

Nach der Umformung der Formel 2.10 durch den natürlichen Logarithmus wird nach σ_e umgestellt:

$$\sigma_e = -\frac{ln(T)}{x_D} \tag{2.12}$$

Wendet man bei der Formel 2.11 ebenfalls den natürliche Logarithmus an, erhält man:

$$ln(0{,}05) = -\sigma_e \cdot P \tag{2.13}$$

Nun kann die Formel 2.12 in 2.13 eingesetzt sowie umgestellt werden und man erhält die Gesetzmäßigkeit, die ebenso auch in Transmissometern zur Sichtweitenbestimmung genutzt wird: [41]

$$P = x_D \cdot \frac{ln(0{,}05)}{ln(T)} \tag{2.14}$$

Beim Sichtweitensensor würde x_D für den Abstand zwischen der Sende- und Empfangseinheit des Messgerätes stehen.

METEOROLOGISCHE SICHTWEITE BEI TAG

Für die Bestimmung der meteorologischen Sichtweite bei Tag kann ebenso der Kontrast C genutzt werden. Der Kontrast wird hierbei zwischen der Leuchtdichte des Horizontes L_h und der Leuchtdichte eines idealen schwarzen Körpers L_b vor dem Horizont berechnet [35] [41].

$$C = \frac{L_b - L_h}{L_h} \tag{2.15}$$

Der Kontrast C wird negativ, sofern wie per Definition ein schwarzes Objekt genutzt wird. Der schwarze Körper führt bei einem Abstand zwischen Betrachter und Körper von 0 m zu $L_b = 0$ ($C = -1$).

1924 stellte Harald Koschmieder einen Zusammenhang zwischen dem auftretenden Kontrast eines Objektes C_{xD} mit dem Abstand zum Betrachter x_D und dem ursprünglichen Kontrast C_0 vor [41]. C_0 steht für den Kontrast, wenn keine Beeinflussung der Sicht des Betrachters zum Objekt auftritt. Das Koschmieder'sche Gesetz lautet [41]:

$$C_{xD} = C_0 \cdot e^{-\sigma_e \cdot x_D} \tag{2.16}$$

Die Variablen x und C_x der Formel aus der Quelle wurden zu x_D und C_{xD}, um eine eindeutige Variablenbenennung zu wahren. Das ideal schwarze Objekt führt also zu $C_0 = -1$. Nimmt man auch hier die

Kontrastschwelle von 5 % an, so wird $C_x = -0{,}05$ (vgl. Formel 2.15). Das führt zur Formel:

$$0{,}05 = e^{-\sigma_e \cdot x_D} \tag{2.17}$$

Vergleicht man die Formel 2.17 mit der Formel 2.11, sieht man, dass auch hier der gleiche Zusammenhang wie in Formel 2.14 gilt. Wenn also der Kontrast eines ideal schwarzen Objektes im Vergleich zum Horizont 0,05 beträgt, entspricht die Entfernung x_D zum Objekt der Sichtweite nach der Definition der MOR. [41]

2.2.2 MESSTECHNIK

Für die Verwendung in Messgeräten zur Sichtweitenerfassung hat man sich auf die Definition der MOR geeinigt. Wie in der Definition und in den vorausgegangenen mathematischen Umformungen ersichtlich, spielen der Transmissions- und Extinktionskoeffizient des Mediums eine entscheidende Rolle. Beide Größen gilt es messtechnisch direkt oder über den Zusammenhang zu anderen messtechnisch erfassbaren Größen indirekt zu ermitteln.

Der Extinktionskoeffizient kann manuell über ein *Telephotometer* gemessen werden. Bei dieser Art von Messgerät vergleicht der menschliche Betrachter die aus seinem Betrachtungswinkel vorherrschende Leuchtdichte eines Objektes in der Ferne mit der des Himmels. Je nach Sichtweite verändert sich dieser Wert, sodass ein Sichtweitenwert ermittelt werden kann [68]. Beim *visuellen Extinktiometer* beobachtet ein Betrachter eine in der Ferne liegende Strahlungsquelle. Per Definition handelt es sich bei der Strahlungsquelle um eine Glühfadenlampe mit einer Farbtemperatur von 2700 K, deren Lichtstrom der Streuung und Absorption des Nebels unterliegt. Der Betrachter stellt Werte für einen Neutralfilter zwischen der Strahlungsquelle und seinem Auge ein, bis diese gerade noch sichtbar ist. Durch den Filterwert und die Entfernung zur Strahlungsquelle kann der Extinktionskoeffizient, also die Sichtweite, ermittelt werden. Um Einflüsse durch etwaige Schwankungen aufgrund inhomogener Nebelverteilungen im Messbereich zu minimieren, werden in aller Regel mehrerer Strahlungsquellen mit einem hinreichend großen Abstand zwischeneinander genutzt. Die angewandten Messmethoden sind hier jeweils beide vom Auge des Betrachters abhängig und der Messfehler steigt proportional zur MOR an. [41]

Neben den beiden manuellen Verfahren gibt es die Möglichkeit, die Sichtweite mithilfe eines *Transmissometers* zu erfassen. Bei diesem Messgerät kommt in der Regel eine Xenon- oder Halogen-Strahlungsquelle zum Einsatz. Durch die Modulation der Strahlungsquelle können Einflüsse durch die Sonne eliminiert werden. Das System arbeitet ebenso wie die beiden zuvor erwähnten Messmethoden über die Streuung und Absorption der Strahlung innerhalb des Aerosols. Da dieses Verfahren der Definition der MOR entspricht, können hohe Genauigkeiten erzielt werden. In Abbildung 2.8 werden die zwei Typen des Transmissometers dargestellt. In (a) ist das zweiseitige Transmissometer zu sehen, das sich dadurch auszeichnet, dass sich an einem Ende die Sende- und am anderen die Empfangseinheit befinden. Der Abstand zwischen beiden ist in der Formel 2.14 der Wert x_D. Mithilfe des einseitigen Transmissometers in (b) lässt sich der Weg, den die Strahlung zurücklegt, bei gleichem Abstand zwischen Sende- und Empfangseinheit verdoppeln. Hier werden ein Messkopf bestehend aus Sende- und Empfangseinheit sowie ein zweiter Messkopf, der lediglich einen Retroreflektor enthält, genutzt. Die Strahlung wird ausgesendet, am Retroreflektor zurück reflektiert und von der Empfangseinheit erfasst. Die Alterung der Strahlungsquellen kann bei beiden Verfahren über die Einsatzdauer zu Ungenauigkeiten führen, weshalb einige Hersteller auf ein Feedbacksystem setzen, das

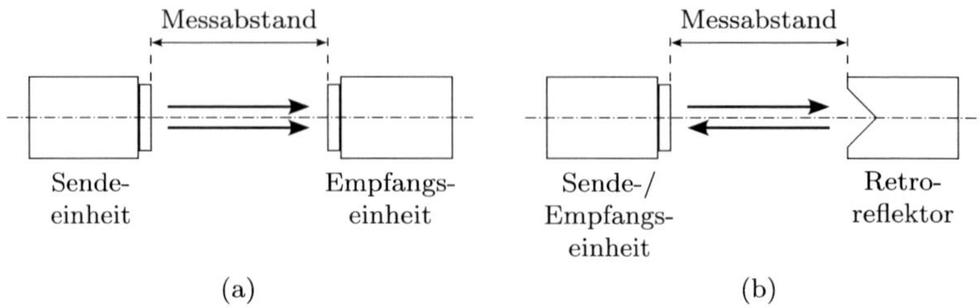

Abbildung 2.8: Die Abbildung zeigt das Prinzip des (a) zweiseitigen und (b) einseitigen Transmissometers. Die Sendeeinheit sendet elektromagnetische Strahlung in Richtung Empfangseinheit aus, welche über die Pfeile angedeutet ist.

die ausgesandte Strahlung überwacht. [41]

Zu erwähnen ist, dass der Transmissionsgrad mit der Sichtweite nach der MOR nur valide ist, solange Nebel gemessen wird. Wird die Sichtweite von anderen Hydrometeoren wie Regen oder Schnee, aber auch Lithometeoren wie Asche, Rauch oder Sand beeinflusst, müssen die anhand des Transmissiongrades gemessenen Sichtweitenwerte mit Vorsicht behandelt werden [41] [69]. Ein weiteres Messprinzip ist der *Sichtweiten-LiDAR-Sensor*, bei dem die Rückstreuung der ausgesandten Laserstrahlung als Information für die Sichtweitenbestimmung genutzt wird. [41]

Eine weitere mögliche Messgröße zur Erfassung der Sichtweite ist der *Streuungskoeffizient* σ_e (in der Literatur auch als b zu finden), bei dessen Erfassung die Absorption durch den Nebel nicht berücksichtigt wird. Der Absorptions- σ_a, Streuungs- σ_s und Extinktionskoeffizient σ_e besitzen folgende Beziehung [48] [39]:

$$\sigma_e = \sigma_a + \sigma_s \tag{2.18}$$

Die Absorption ist bei Nebel jedoch im Vergleich zur Streuung vernachlässigbar klein [39] [41]. Bei der Messung der Streuung ist die Empfangseinheit möglichst von der Sendeeinheit abgeschirmt, um keine direkte Strahlung zu empfangen. Die genutzte Strahlungsquelle ist in aller Regel moduliert, um Einflüsse durch die Sonne zu minimieren. Der Streuungskoeffizient σ_s wird dabei wie folgt definiert: [41]

$$\sigma_s = \frac{2 \cdot \pi}{\Phi_V} \int_0^{\pi} I(\phi) \cdot sin(\phi) d\phi \qquad (2.19)$$

Φ_V steht hier für den Lichtstrom, der das Volumen V erreicht hat, in dem die Streuung auftritt. $I(\phi)$ steht für die Intensität der Strahlung, was per Definition hier dem Lichtstrom entspricht, der in Richtung ϕ gestreut wird. Bei den Messprinzipien, die zur Erfassung des Streuungskoeffizienten genutzt werden, wird dabei zwischen den folgenden Verfahren unterschieden:

- Rückstreuung
- Vorwärtsstreuung
- Streuung über einen großen Winkel

Die ersten beiden Prinzipien sind in der Abbildung 2.9 dargestellt. Bei der Messung über die (a) *Rückstreuung* werden Sende- und Empfangseinheit der Strahlung in die gleiche Richtung ausgerichtet. Gemessen wird hier, wie auch bei den folgenden Verfahren, im Messbereich, in dem sich jeweils die Bereiche von Sende- und Empfangseinheit überschneiden. Bei der Messung über die (b)/(c) *Vorwärtsstreuung* sind Sende- und Empfangseinheit in entgegengesetzte Richtungen ausgerichtet. Die Winkel zwischen beiden betragen zwischen 20° und 50°. Größere Winkel erfordern in der Regel eine zusätzliche Abschirmung, um keine direkte Strahlung der Sende- in die Empfangseinheit gelangen zu lassen. Die beiden Prinzipien in (b) und (c) unterscheiden sich jeweils in der Einteilung der Messbereiche. [41]

Das Messprinzip der *Streuung über einen großen Winkel* ist in Abbildung 2.10 dargestellt. Ein solches Messgerät wird auch als *integrierendes Nephelometer* [35] bezeichnet. Dabei wird durch eine Strahlungsquelle, deren optische Achse orthogonal zur Empfangseinheit des Messgerätes

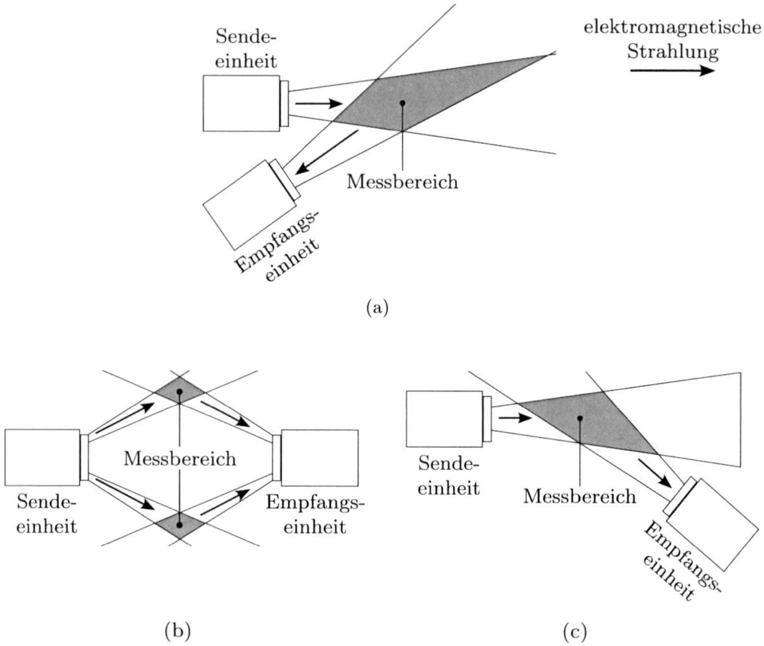

Abbildung 2.9: Messprinzipien zur Erfassung der (a) Rückwärts- sowie (b) (c) Vorwärtsstreuung der von der Sendeeinheit ausgesandten und der Empfangseinheit aus dem Messbereich empfangenen Streuung.

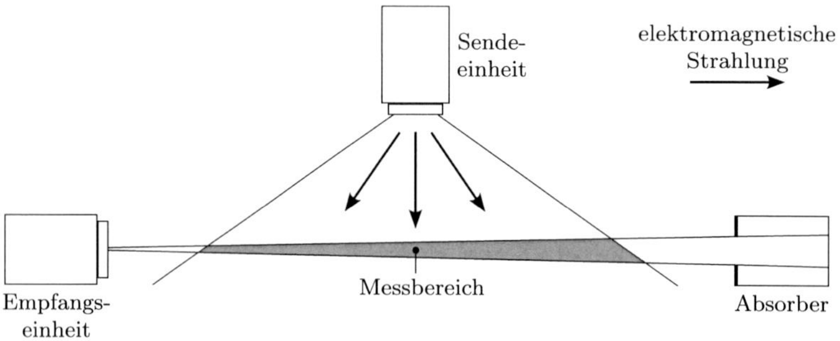

Abbildung 2.10: Das Messprinzip nach der Streuung über einen großen Winkel, bei dem die Empfangseinheit mit einem kleinen Öffnungswinkel auf einen Absorber gerichtet ist. Die Sendeeinheit sendet elektromagnetische Strahlung in Richtung Messbereich aus.

steht, Strahlung in den zu messenden Bereich eingebracht. Die Empfangseinheit besitzt einen kleinen Öffnungswinkel und ist auf einen Absorber ausgerichtet, der in der Literatur auch als schwarzes Loch bezeichnet wird. Der Absorber sowie der kleine Öffnungswinkel sorgen dafür, dass das Messgerät möglichst wenig Störung durch umliegende Strahlungsquellen erfährt. Idealerweise ist der Bereich, in dem die Streuung gemessen wird, zwischen 0 und 180° groß, beträgt in der Praxis zumeist 0 bis 120°. Der Bereich, in dem die Streuung gemessen wird, ist im Vergleich zu den beiden vorherigen Methoden größer. Obwohl der große Messbereich generell von Vorteil ist, besteht die Schwierigkeit, den Extinktionskoeffizienten nicht durch die Einbringung des Messgerätes selbst zu beeinflussen. Durch die Größe ist das Messprinzip resistenter gegenüber lokalen Schwankungen der Aerosoldichte. Im Bereich der Sichtweitenerfassung nach der MOR findet es keinen großen Einsatz. Es wird jedoch verstärkt für die Messung von Verunreinigungen und Schadstoffen genutzt. [41]

2.3 KAMERASYSTEME

Im Folgenden geht es um die Funktionsweise eines CMOS-Sensors (Complementary Metal Oxide Semiconductor) im Kamerabereich. Abbildung 2.11 zeigt den stark vereinfachten grundlegenden Aufbau eines solchen Sensors. Ein CMOS-Sensor besteht aus einer Matrix aus Photodioden, die von Farbfiltern bedeckt sind und auch als Pixel bezeichnet werden [70]. In diesem Fall wird die Anordnung der Farbfilter als RGGB Bayer-Filter oder verkürzt als RGB Bayer-Filter bezeichnet. Diese Farbfilter lassen je Photodiode einen bestimmten spektralen Anteil der auf den Sensor auftreffenden Photonen durch. In diesem Fall sind das Rot, Grün und Blau (RGB) [71]. Diese Photonen sorgen für eine Verschiebung von Elektronen vom Valenzband in das energetisch höhere Leitungsband,

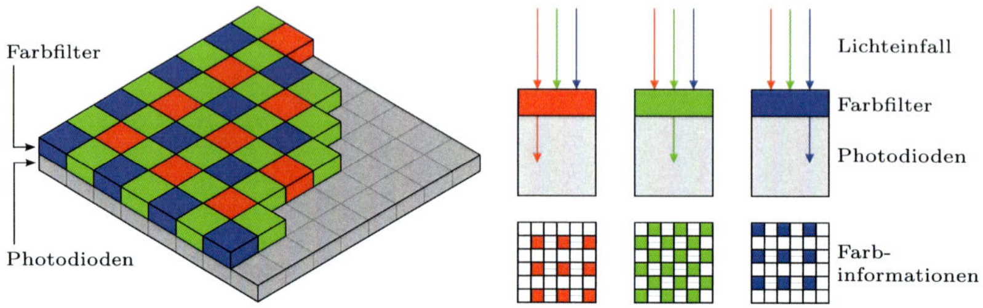

Abbildung 2.11: Funktionsprinzip eines CMOS Sensors mit einem RGGB Bayer Pattern. Die Beschriftung wurde abweichend zur Quelle angepasst. [73] [74]

was zu einer Erhöhung der Leitfäghigkeit innerhalb der Photodiode führt. Dieser Effekt wird als innerer Photoeffekt bezeichnet. Eine nachgeschaltete Elektronik liest die Spannung der einzelnen Pixel aus, wodurch ein digitales Bild erzeugt werden kann. [72]

Zusätzliche Microlinsen auf den Farbfiltern oder die nachgeschaltete Elektronik, welche die Ladungen der Photodioden erfasst, werden hier nicht weiter besprochen, da für die Arbeit in erster Linie die Farbfilter relevant sind. Zusätzlich dazu gibt es weitere Kombinationen der eingesetzten Farbfilter [75] [71]. Dieser Sensoraufbau hat den Effekt, dass jede Photodiode nur eine Farbinformation erfasst. Um jedem einzelnen Pixel eine der drei Farbinformationen zuzuordnen, gibt es das sogenannte Demosaicing (auch Debayering genannt) [70]. Dabei werden über einen Demosaicing-Algorithmus um jeden einzelnen Pixel herum die jeweils fehlenden Farbinformationen berechnet. Für diese Art von Berechnung gibt es viele unterschiedliche, teilweise veröffentlichte Ansätze [76] [77]. Da in der Arbeit auf das Demosaicing verzichtet wird, um die Daten nicht zu verfälschen, wird hier nicht weiter darauf eingegangen.

Damit das eintreffende Licht auf dem Kamerasensor abgebildet wird, befindet sich vor dem Kamerasensor das Kameraobjektiv. Dieses besteht aus mehreren Linsen, die je nach Anordnung einen großen oder kleinen Ausschnitt der vor der Kamera liegenden Umgebung auf selbigen abbilden. Zusätzlich dazu ist eine Blende verbaut, die steuern kann, wie viel Licht auf den Kamerasensor gelangt. [72]

2.4 LED-LEUCHTMITTEL

Eine LED (Lichtemittierende Diode; englisch: light-emitting diode) besteht aus einem p- und n-leitenden Halbleitermaterial, zwischen denen sich eine Verarmungsschicht befindet. Werden die beiden Elemente nah zueinander gebracht, lösen sich aus dem n-leitenden Bereich Elektronen und dem p-leitenden Löcher. Es findet eine Rekombination statt. Das hat jeweils eine positive und negative Raumladung zur Folge. Durch die unterschiedlichen Raumladungen entsteht ein elektrisches Feld, dessen Stärke abhängig von der Rekombination ist. Sobald das Feld eine bestimmte Stärke erreicht hat, findet keine Rekombination mehr statt und die sogenannte Diffusionsspannung liegt an. Wird der n-Bereich an einem Minus- und der p-Bereich an einem Pluspol einer Stromquelle angeschlossen, werden aus dem n-leitenden Material Elektronen und aus dem p-leitenden Material Löcher in die Verarmungszone gedrückt. Dort kann eine Rekombination stattfinden, die elektromagnetische Wellen aussenden kann. Die ausgesandten Wellenlängen unterscheiden sich abhängig vom genutzten Halbleitermaterial [78] [79]. Bei der Erzeugung von Weißlicht durch die LED, können unterschiedliche Möglichkeiten genutzt werden, von denen eine die Erzeugung über eine Konvertierung eines Teiles von blauer Strahlung ist. Der Teil, der umgewandelt wird, wird über einen Phosphor in gelbes Licht konvertiert. Abbildung 2.12 zeigt Spektren von phosphorkonvertierten LEDs, die sich durch die Peaks im blauen Wellenlängenbereich auszeichnen [80]. Bei der in der Arbeit genutzten Lichtquelle handelt es sich um eben dieses Verfahren. [79]

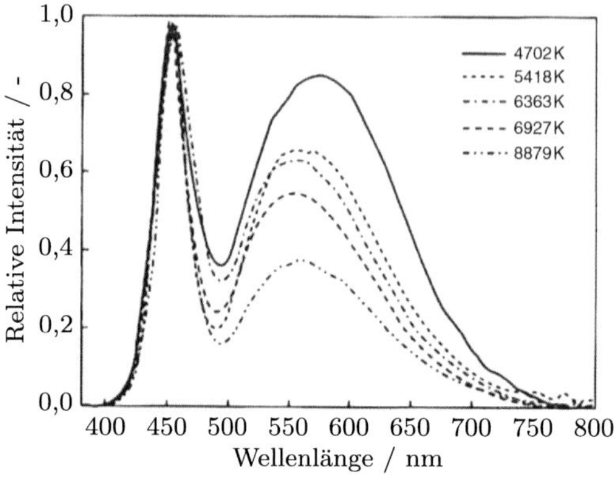

Abbildung 2.12: Spektrum einer phosphorkonvertierten Weißlicht-LED, die Licht mit unterschiedlichen Farbtemperaturen emittiert [81] [80]. Die Schriftart der Quelle wurde angepasst.

2.5 Digitale Bildverarbeitung

Die digitale Bildverarbeitung beschreibt Methoden, mit denen digitale Bildinformationen verarbeitet werden. Bestimmte Merkmale im Bild, sogenannte Bildmerkmale, können durch Filterung verstärkt und dadurch leichter ausgewertet werden. Ebenso können Transformationen durchgeführt werden, bei denen Bildinformationen beispielsweise in den Ortsfrequenzraum überführt oder Bildkomprimierungen vorgenommen werden, mit denen der Speicherbedarf von Bildern gesenkt werden kann [72].

2.5.1 Digitale Darstellung von Bildern

Bilddaten im Allgemeinen sind ortsdiskrete Intensitätswerte von Graustufen, sofern von Grauwertbildern die Rede ist [82]. Ein Bild ist hier also

0	255	255	255	255
255	0	255	255	255
255	255	0	255	255
255	255	255	0	255
255	255	255	255	0

(a) (b) (c)

Abbildung 2.13: Eine auf ein Blatt Papier gezeichnete Linie (a) wird bei deren Digitalisierung in ortsdiskrete Pixelwerte (b) überführt. Diese Pixelwerte wiederum repräsentieren Werte in einer Matrix (c).

nichts anderes als eine aus unterschiedlichen Intensitätswerten zusammengesetzte Wertematrix. Diese Werte werden als Pixelwerte bezeichnet und bilden zusammengesetzt das Bild [83]. Wird von Farbbildern gesprochen, kommen weitere Intensitätswerte je Pixel hinzu und die Pixel werden als Farbpixel bezeichnet [83]. Wird ein Farbbild, wie in der Regel üblich, über die Zusammensetzung aus Rot, Grün und Blau beschrieben, so liegen Intensitätswerte für eben diese Bestandteile je Pixel vor. Die Abbildung 2.13 zeigt einen Ausschnitt aus einem Grauwertbild (a) einer schwarzen Linie auf einem weißen Blatt Papier. Diese Linie wird (b) digitalisiert und damit zu (c) Pixelwerten.

Werden die Bilddaten mit 8 Bit Bittiefe [84] beschrieben, reichen die Werte je Pixel und Farbkanal von 0 bis 255. Wird die Bittiefe auf beispielsweise 12, 14 oder gar 16 Bit erhöht, können die Pixel Werte zwischen 0 und 65.535 annehmen, wodurch feinere Abstufungen der Intensitätswerte möglich sind [82]. Eine Erhöhung der Bittiefe ist insbesondere in Bildern mit einer hohen Dynamik von Vorteil. Die Dynamik eines Bildes spiegelt wider, wie viele unterschiedliche Pixelwerte ein Bild enthält. Je höher die Dynamik, umso mehr unterschiedliche Pixelwerte enthält ein Bild. Sofern man ein Graustufenbild betrachtet, handelt es sich um eine zweidimensionale Matrix. [83]

Sobald weitere Werte wie Rot (R)/Grün (G)/Blau (B) zur Beschreibung

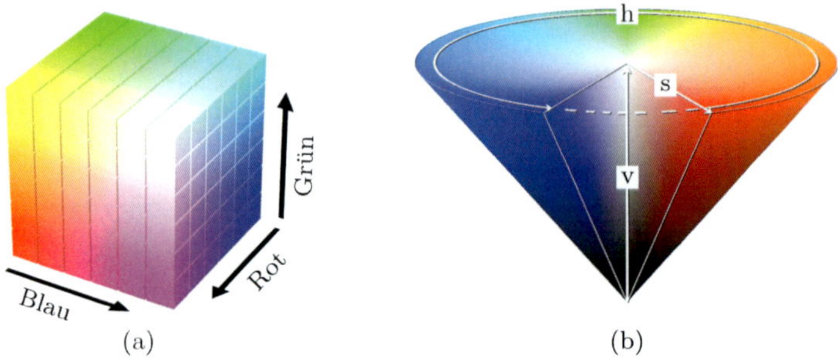

Abbildung 2.14: Darstellung des (a) RGB- [86] und (b) HSV-Farbraums [87]. Die Beschriftung wurde abweichend der Quelle angepasst.

eines Bildpunktes genutzt werden, erweitert sich die Matrix auf drei Dimensionen. Das Bild besitzt dann drei Farbkanäle, was zur Folge hat, dass jedem Farbpixel drei Farbwerte zugeordnet werden. Bei der Beschreibung eines Farbpixels über die RGB-Werte spricht man vom sogenannten *Farbraum* [82]. Abbildung 2.14 zeigt die Beschreibung über (a) den RGB-Farbraum. Zusätzlich dazu ist eine weitere Möglichkeit zur Beschreibung der Farbräume über (b) die HSV-Werte dargestellt (hue/saturation/value; Farbton/Sättigung/Hellwert). Ein Pixelwert wird zwar ebenfalls in Form von drei Zahlenwerten beschrieben, hier allerdings über den Farbton, die Sättigung und den Hellwert [85] [83]. Im Laufe der Zeit sind eine Vielzahl an Farbräume entstanden [85] [83].

In der vorliegenden Arbeit wird jedoch nur der RGB-Farbraum verwendet, weshalb auf weitere Ausführungen verzichtet wird.

2.5.2 FILTERUNG

Im Bereich der Bildverarbeitung wird die *Filterung* genutzt, um Bilddaten auf bestimmte Merkmale hin zu untersuchen. Filter werden genutzt, um Bildmerkmale zu verstärken oder ungewünschte zu unterdrücken. In diesem Zusammenhang ist in aller Regel von sogenannten Operatoren die Rede, hinter denen mathematische Operationen stehen, die auf Bilddaten angewendet werden. Der Filter ist in diesem Fall der Operator, der auf ein Eingangsbild angewendet wird. In der Literatur werden sowohl Filter als auch Operatoren oft als Synonym genutzt, was eine klare Abgrenzung beider Begrifflichkeiten erschwert [82] [70] [84] [88]. Im Folgenden wird zwischen dem Punkt- und dem Faltungsoperator unterschieden. [89]

Der *Punktoperator* berücksichtigt für die Berechnung des Ausgangsbildes einen Pixelwert des Eingangsbildes. Umliegende Pixelwerte werden bei der Berechnung nicht mit einbezogen. Beispiele sind die Helligkeitsanpassung, Kontrastveränderung oder Invertierung der Pixelwerte eines Bildes. Zusätzlich dazu wird zwischen einer homogenen Operation, bei der alle Pixelwerte gleich stark angepasst werden, sowie einer nichthomogenen Operation unterschieden, bei der eine selektive Anpassung abhängig der Pixelposition vorgenommen wird. [82] [89]

Der *Faltungsoperator* hingegen bezieht umliegende Pixel mit in die Berechnung ein. Mögliche Operatoren sind der bewegte Mittelwert (auch gleitender Mittelwert genannt), der Gauß-Tiefpassfilter sowie der Sobel-Operator [89] [70]. Unabhängig vom Operator werden in allen Fällen sogenannte Kernels oder zu Deutsch Filterkerne eingesetzt, um sie mit den Pixelwerten eines Bildes zu falten. Die Filterkerne sind in der Praxis in aller Regel quadratisch. Abbildung 2.15 zeigt die Filterkerne der zuvor erwähnten Operatoren.

Sie unterscheiden sich durch die Wahl ihrer Koeffizienten. Besitzen die Filterkerne nur positive Koeffizienten, werden sie als Summenoperatoren bezeichnet. Bei sowohl negativen als auch positiven spricht man von Differenzoperatoren [70]. Des Weiteren unterscheidet man zwischen linearen und nicht-linearen Filtern. Bei linearen Filtern, wie dem beweg-

(a) G

1	1	1
1	1	1
1	1	1

(b) G

1	2	1
2	4	2
1	2	1

(c) G_x

-1	0	+1
-2	0	+2
-1	0	+1

(c) G_y

+1	+2	+1
0	0	0
-1	-2	-1

Abbildung 2.15: Filterkerne für den bewegten (a) Mittelwert, (b) Gauß-Tiefpassfilter und (c) Sobel-Operator.

ten Mittelwert, entspricht die Zusammensetzung der Koeffizienten den Stützstellen einer linearen Funktion. Man spricht von nicht-linearen Filtern, wenn die Bedingung, wie bei dem Gauß-Tiefpassfilter, nicht erfüllt ist. Das σ im Zusammenhang mit dem Gauß-Tiefpassfilter gibt den Wert der Standardabweichung an, mit welcher der Filterkern angewendet wird. [89] [70]

Zur Visualisierung des möglichen Ablaufs einer Filteroperation zeigt Abbildung 2.16 (a) einen Bildausschnitt und einen beispielhaften Filterkern. Der rote Punkt zeigt das Zentrum des Filterkerns, aber auch die Pixelposition, die bei der Faltung des Filterkerns der Position des Pixels im Ausgangsbild entspricht. Die Koeffizienten des Filterkerns werden mit dem Pixelwert an der jeweiligen Position multipliziert und alle Werte aufsummiert sowie an die zuvor erwähnte Stelle geschrieben. Der Filterkern variiert seine Position beispielsweise entlang der eingezeichneten Linie, bis er mit dem kompletten Bildausschnitt gefaltet wurde. Das Ausgangsbild entspricht in seinen Dimensionen dem Eingangsbild. [89] [70]

Schaut man sich den bewegten Mittelwert genauer an, kann man festhalten, dass die Pixelwerte durch den Filter aufsummiert werden. Daher stammt der Begriff Summenoperator. In der Praxis wird der aufsummierte Wert durch die Summe aller Koeffizienten des Filterkerns geteilt (hier: 9), um die Werte des Ausgangsbildes nicht zu verstärken. Da der Filter in seinen Dimensionen nicht festgelegt ist, sind anstelle der

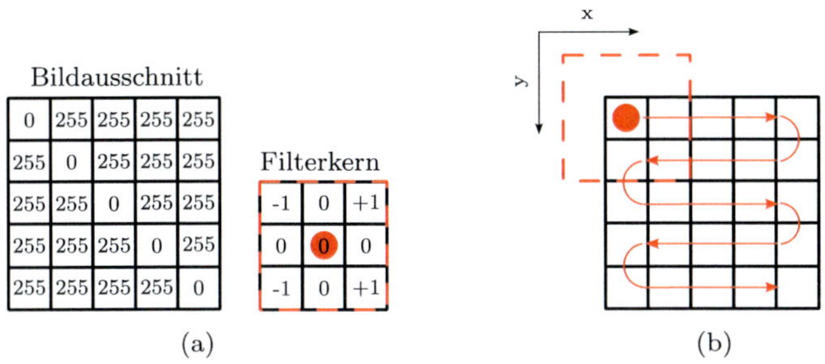

Abbildung 2.16: Die Filterung eines (a) Bildausschnittes mit einem Filterkern sowie (b) ein möglicher Ablauf der Faltung des Filterkerns mit den einzelnen Bildausschnitten.

3×3 Matrix auch 4×4, 5×5 oder andere denkbar. Er wird als Tiefpass für die Glättung von beispielsweise verrauschten Signalen genutzt. Der Gauß-Tiefpassfilter besitzt einen Filterkern, der mit der Gauß'schen Glocke approximiert ist. Er ist nicht linear und entspricht einem Summenoperator. In der Praxis wird der durch den Filterkern errechnete Wert ebenfalls durch die Summe der Koeffizienten (hier: 16) geteilt. Er wird, ähnlich wie der bewegte Mittelwert, zur Glättung der Bilddaten genutzt. Der Sobel-Operator ist ebenfalls nicht linear und entspricht durch die Wahl von positiven und negativen Koeffizienten einem Differenzoperator. Durch diese Eigenschaft wird er zur Gradientenberechnung und Kantendetektion eingesetzt. [89] [70]

2.5.3 GRADIENT

Der Gradient ist in der Bildverarbeitung ein Maß für den Intensitätsunterschied benachbarter Pixelwerte. Ein großer Gradient deutet auf einen großen Intensitätsunterschied sowie eine hohe Bildschärfe hin. Wäre die Bildschärfe gering, wären Konturen weniger stark sichtbar, was zu fehlenden harten Übergängen benachbarter Pixel und infolgedessen zu geringen Gradienten führen würde. Der Gradient kann sowohl positive als auch negative Zahlenwerte annehmen. Beim Übergang von einem kleinen zu einem großen Intensitätswert ist der Gradient positiv, beim Übergang von einem großen zu einem kleinen Wert wird er negativ.

Wie die zuvor beschriebene Bildfilterung werden auch Gradienten in der Bildverarbeitung durch Filter errechnet. Auch hier kommt ein Filterkern zum Einsatz, um die Intensitätsunterschiede zu benachbarten Pixeln zu errechnen. In Abbildung 2.17 sind die Filterkerne vom Roberts-, Prewitt-, und Sobel-Operator dargestellt [90] [91] [92] [93] [92]. In diesen Filterkernen stecken jeweils die Eigenschaften eines Gradienten mit unterschiedlichen Ansätzen zur Extraktion. Da Gradienten ebenso ein Maß für die Bildkantenerkennung sind, finden sich die einzelnen Filterkerne ebenso in diesem Zusammenhang. Der Abbildung zu entnehmen ist, dass die Filterkerne und somit die Gradienten in einen $x-$ und einen $y-$Wert unterteilt sind. Schaut man sich den angedeuteten Bildausschnitt an, findet man auch hier die geläufige Definition der beiden Achsen x und y. Darüber wird ausgedrückt, welche Richtung des Gradienten der jeweilige Filterkern repräsentiert. Die Filterkerne sind jeweils so aufgebaut, dass sie bei der Filterung auf einer homogenen Fläche ohne Bildstruktur den Wert Null ausgeben. Die Berechnung der Gradienten entspricht der mathematischen Ableitung.

Beim Roberts-Operator ist diese Richtungsdefinition der $x-$ und $y-$Achse in Abbildung 2.17 aus mathematischer Sicht nicht korrekt, wird jedoch in der Literatur in der Regel verwendet. Grund dafür ist, dass für den Roberts-Operator eine 2×2 Matrix zum Einsatz kommt. Die Werte $+1$ und -1 sind hier diagonal angeordnet. Der Roberts-Operator errechnet daher die Gradienten in diagonaler Richtung und nicht entlang der x- und y-Achse [93]. Abbildung 2.18 zeigt ein Bild von einem Kreis, Quadrat und Dreieck, um die Einflüsse der jeweiligen Filter zu verdeutlichen.

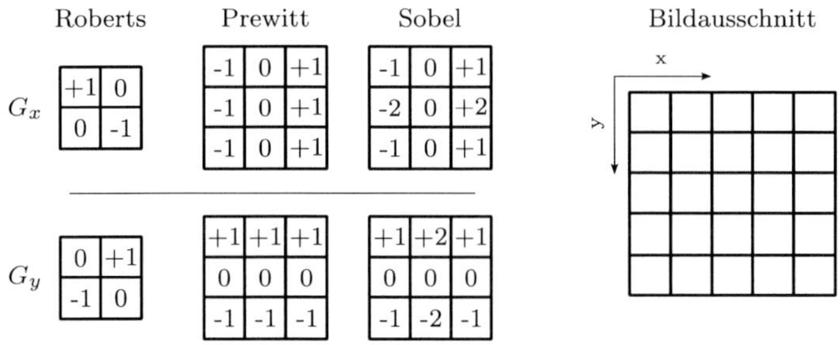

Abbildung 2.17: Der Roberts-, Prewitt- und Sobel-Filterkern.

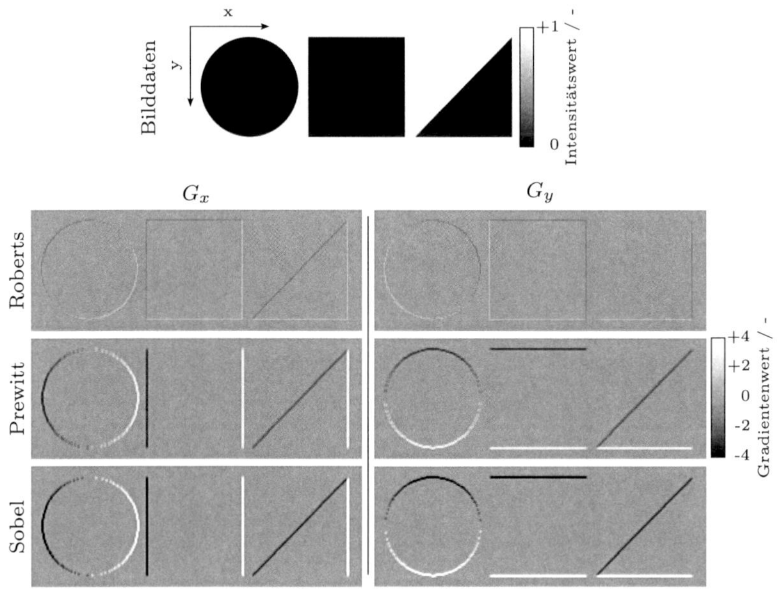

Abbildung 2.18: Die Bilddaten wurden mit dem Roberts-, Prewitt- und Sobel-Operator gefiltert.

Die Berechnung der diagonalen Gradienten beim Roberts-Operator sieht man hier am Fehlen einer Seite des Dreiecks. Durch die geringe Größe des Filterkerns werden hier zudem die Kanten im Vergleich zu den größeren Filterkernen dünner dargestellt. Ebenso leiden die gefilterten Gradienten durch die nur vier Pixelwerte je Filterung unter einem größeren Bildrauschen im Vergleich zu 3×3 Filterkernen [92]. Der kleinere Filterkern hat ebenso zur Folge, dass die errechneten Gradienten kleiner sind, was jedoch abseits des größeren Rauschens kosmetischer Natur ist und durch eine anschließende Verstärkung der Gradienten ausgeglichen werden kann.

Der Prewitt-Operator besitzt einen 3×3 Filterkern. Sein Aufbau ermöglicht eine vollständige Separierung der Kanten in x und y, was an den fehlenden Seiten des Quadrats in Abbildung 2.18, der jeweils orthogonalen Seiten zur Filterrichtung zu sehen ist. Die Ränder erscheinen nach der Filterung im Vergleich zum Roberts-Operator größer, was dem größeren Filterkern zu schulden ist. Ebenso sind die Gradientenwerte allgemein größer. Der Filterkern ist so aufgebaut, dass ähnlich einem bewegten Mittelwert eine Tiefpassfilterung vorgenommen wird. Im Falle des Prewitt-Operators findet die Tiefpassfilterung jeweils orthogonal zur Filterrichtung statt. Das führt zu einem im Vergleich zum Roberts-Operator geringeren Rauschen. [90]

Der Sobel-Operator verhält sich ähnlich zum Prewitt-Operator. Er besitzt ebenfalls eine richtungsabhängige Eigenschaft eines Tiefpassfilters und minimiert das Rauschen ähnlich dem Prewitt-Operator. Der Unterschied zum Prewitt-Operator ist die größere Verstärkung in der jeweiligen Filterrichtung. [91] [92]

2.5.4 GRAUWERTÜBERGANGSMATRIX

Eine Grauwertübergangsmatrix (auch Co-occurrence-Matrix) ist in der digitalen Bildverarbeitung ein statistisches Verfahren zur Texturanalyse. Dabei geht es darum, durch einen Vergleich der Pixelwerte zu untersuchen, mit welcher Häufigkeit bestimmte Kombinationen aus Pixelwerten in einem Bild auftreten. Es können sowohl direkt nebeneinander liegende, aber auch solche mit einem definierten Abstand zueinander verglichen werden. Der Abstand zwischen den zu vergleichenden Pixelwerten definiert der Verschiebungsvektor V [94] [94] [95]. Zusätzlich zur Distanz kann man zudem die Richtung festlegen, in welcher die Werte miteinander verglichen werden. Definiert werden kann das entweder über einen Winkel [94] oder über den Verschiebungsvektor V selbst, der über zwei Dimensionen beschrieben wird [95]. Ein Verschiebungsvektor mit $V = (1, 0)^T$ beispielsweise entspricht einem horizontalen Vergleich der direkt benachbarten Pixelwerte, bei einem Verschiebungsvektor von $V = (0, 1)^T$ werden die vertikal zueinander liegenden, direkt benachbarten Pixelwerte verglichen. Über die Länge des Vektors kann zudem definiert werden, dass bei der Berechnung nicht der direkt benachbarte, sondern der darauf folgende Pixelwert berücksichtigt wird. Würde der Vektor beispielsweise $V = (2, 0)^T$ lauten, so würde nicht der direkt benachbarte, sondern der Pixel dahinter mit dem ursprünglichen Pixel in horizontaler Richtung verglichen werden. Die Elemente $c'_{V,ij}$ der Grauwertübergangsmatrix C'_V sind dabei wie folgt definiert [95]:

$$c'_{V,ij} := \{\ (x_1, x_2) \in \Omega^2{}_g; x_2 = x_1 + V; g(x_1) = i; g(x_2) = j\} \ \ni \mathbb{N}_0 \tag{2.20}$$

Ω_g^2 steht hier für die Definitionsmenge der einzelnen Pixelpositionen x_1 sowie x_2, V ist der Verschiebungsvektor und $g(x_1)$ beziehungsweise $g(x_2)$ stehen für die Grauwerte an den jeweiligen Pixelpositionen. Alle

Werte können natürliche Zahlen bei 0 beginnend annehmen. Abbildung 2.19 dient der Erläuterung des Verfahrens. Die Grauwerte im Bildausschnitt reichen von 0 bis 2. Es werden also $K = 3$ Quantisierungsstufen gewählt, was bedeutet, dass die Grauwerte 0, 1 und 2 angenommen werden können. Bei sehr vielen unterschiedlichen Grauwerten können auch weniger Quantisierungsstufen als Grauwerte genutzt werden. Dann würden die einzelnen Grauwerte des Ursprungsbildes den Grauwerten der Grauwertmatrix zugeordnet werden, denen sie am nächsten sind. Dementsprechend besitzt die Grauwertübergangsmatrix C'_V hier die Größe 3×3. Es sind also die Grauwertkombinationen der Grauwertübergangsmatrix in der oberen rechten Ecke in der Abbildung 2.19 möglich. Die Kombination 0,0 steht für den Grauwert 0, auf den der Wert 0 folgt. Bei 0,1 folgt auf den Grauwert 0 der Wert 1. Hier umkreist ist die Kombination der Grauwerte einer 1, auf die eine 0 folgt. Im Bildausschnitt ist die Kombination zweimal zu finden, daher steht an dieser Position der Grauwertübergangsmatrix C'_V eine 2. Die restlichen Positionen von C'_d werden in gleicher Weise berechnet. Nehmen die Zahlenwerte $c'_{V,i=j}$ auf der Diagonale von C'_V große Werte an, ist das analysierte Bild sehr homogen, da auf einen Grauwert i der gleiche Grauwert j folgt ($i = j$).

Neben der Berechnung der Matrix selbst können mithilfe der von Haralick et. al. [94] vorgestellten Verfahren weitere Struktureigenschaften wie der Kontrast und die Homogenität errechnet werden [94] [96] [95]. Beide Verfahren finden in den Funktionen *graycomatrix* [97] und *graycoprops* [98] der Software Matlab Verwendung, die für die Strukturanalysen in dieser Arbeit angewendet werden. Für den Kontrast K_C wird die Formel 2.21 genutzt, bei der die Grauwerte i und j, die der Grauwertübergangsmatrix C'_V zugeordnet sind, mit den Elementen der Matrix $c'_{V,ij}$ multipliziert werden [95]. V steht für den Verschiebungsvektor und K für die Anzahl an Quantisierungsstufen. Die Summation findet über alle Elemente der Grauwertübergangsmatrix statt. Typischerweise sind

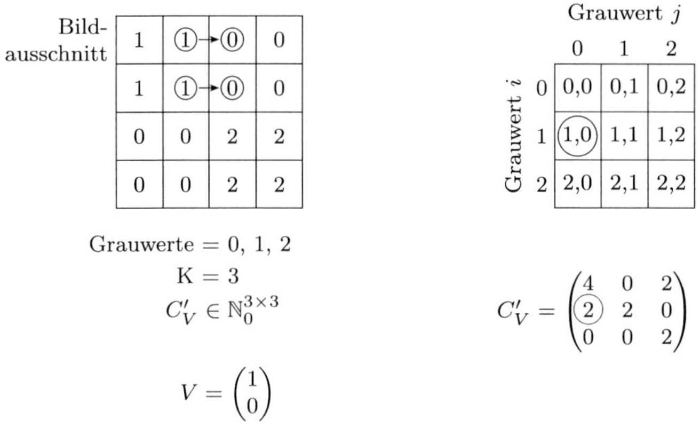

Abbildung 2.19: Aus dem Bildausschnitt wird hier eine Grauwertmatrix C'_V mit $K = 3$ Quantisierungsstufen errechnet.

$a = 2$ und $b = 1$, was ebenso in den zuvor erwähnten Matlab-Funktionen der Fall ist [97] [98] [95]:

$$K_C = \sum_{i=0}^{K-1} \sum_{j=0}^{K-1} |i - j|^a c_{V,ij}^b \tag{2.21}$$

Der Kontrast ist hoch, sofern viele Werte nicht auf der Diagonalen liegen und die Werte von C'_V abseits der Diagonalen große Zahlenwerte annehmen. Für die Werte auf der Diagonalen gilt $i = j$, was in der Formel dazu führt, dass die Elemente $c_{V,ij}^b$ mit 0 multipliziert werden und nicht mit in die Summation einfließen.

Für die Berechnung der Homogenität H_C wird die Formel 2.22 genutzt, bei der eine Division der Abstände zwischen den jeweiligen Grauwertstufen i und j mit den Elementen $c'_{V,ij}$ der Grauwertübergangsmatrix C'_V durchgeführt wird [95] [97]:

$$H_C = \sum_{i=0}^{K-1} \sum_{j=0}^{K-1} \frac{c_{V,ij}}{1 + |i - j|} \tag{2.22}$$

Große Zahlenwerte der Homogenität sprechen für eine hohe Homogenität. Für eine Vergleichbarkeit der Werte für Kontrast und Homogenität wird die Grauwertübergangsmatrix C'_V vor der Berechnung über die Summe aller Elemente $c'_{V,ij}$ normiert:

$$C'_{VN} = \frac{1}{\sum\limits_{i=0}^{K-1} \sum\limits_{j=0}^{K-1} c_{V,ij}} \cdot C'_V \tag{2.23}$$

Gleiches wird bei den zuvor genannten Matlab-Funktionen gemacht, somit für die Berechnungen C'_{VN} genutzt, wodurch die errechneten Werte in einem Wertebereich von 0 bis 1 liegen.

Kapitel 3

Stand der Forschung

Nachfolgend werden über eine Recherche im Forschungsfeld aktuelle Arbeiten im Bereich der kamerabasierten Nebelerkennung mit und ohne Strahlungsquellen zusammengefasst sowie der Neuheitswert der hier behandelten Fragestellungen über das Aufzeigen von ungeklärten Bereichen der Forschung erläutert. Im Anschluss werden im Kapitel 4 die einzelnen Forschungsthemen dargelegt.

Basierend auf der in der Einleitung dargestellten Motivation beschäftigt sich diese Arbeit mit der Kombination aus hochauflösendem Scheinwerfersystem und einer Kamera. Im Unterschied zu beispielsweise Arbeiten, welche die Tiefenwahrnehmung durch die Scheinwerferprojektion behandeln [99], wird die Kombination genutzt, um Sichtweiten bei Nebel zu erfassen. So kann einem Sensorverbund zusätzlich die Sichtweiteninformation zur Verfügung gestellt werden. Dabei werden Muster in den Nebel projiziert, die durch das Kamerasystem erfasst und im Anschluss ausgewertet werden. Einflüsse durch den Untergrund in Form von unterschiedlichen Reflexionsgraden, Nässe sowie Fahrbahnmarkierungen werden ebenfalls betrachtet, um den Einsatz im automobilen Umfeld zu untersuchen. Folglich werden die Einsatzfelder der Kamerasysteme und Scheinwerfer erweitert. Scheinwerfer dienen nicht mehr nur sekundär den Kamerasensoren, sondern werden primärer Bestandteil. Dabei geht es ebenso um die Fragestellung, ob und inwiefern zukünftig Scheinwerfer mit einer ähnlich hohen Auflösung, wie sie beispielsweise das SSLHD-Modul der HELLA GmbH & Co. KGaA mit seinen über

15.000 Pixeln je Scheinwerfer aufweist [100], in dem gleichen Umfang für Kamerasensoren benötigt werden.

Zugleich wird der Wellenlängenbereich, in dem im Rahmen der Arbeit Untersuchungen durchgeführt werden, auf den infraroten Bereich erweitert. Zum einen werden darüber spektrale Einflüsse genauer betrachtet, zum anderen wird so der potenzielle Einsatz von Sensoren, die im IR-Bereich arbeiten (LiDAR, Gated Camera), für die Sichtweitenbestimmung untersucht. Als Grundlage dienen dabei die in Kapitel 2 dargelegten Grundlagen der Streuung an Aerosolen sowie die Definition der MOR und dort beschriebene Methoden der Sichtweitenerfassung durch dedizierte Messgeräte.

RECHERCHE UND EINORDNUNG IM FORSCHUNGSFELD

Wie die Sichtweiten im messtechnischen Bereich erfasst werden, behandelt das Unterkapitel 2.2.2. Die Betrachtung der Streuung von Scheinwerfersystemen ist ein bekanntes Verfahren [101]. Die gezielte Koppelung beider Systeme und die genaue Betrachtung einzelner Veränderungen der Scheinwerferprojektion werden bisher jedoch noch nicht ausführlich analysiert. Ebenso wenig werden die Veränderungen von hochaufgelösten Scheinwerferprojektionen bei Nebel untersucht.

Im Folgenden werden veröffentlichte Methoden zur Sichtweitenerfassung basierend auf Kamerainformationen vorgestellt. Dazu zählen Verfahren, bei denen spezielle Ziele sowie seltene Straßenobjekte, wie Schachbrettmuster oder andere künstlich in der Umgebung aufgestellte Objekte, zur Erkennung von Nebel genutzt werden. In der Arbeit von Kwon [102] beispielsweise werden spezielle Reflexionsziele in verschiedenen Entfernungen zur Kamera eingebracht und in Bezug auf die Kontraste analysiert. Je nach Veränderung dieser entspricht die vorherrschende Nebelsituation einer anderen Sichtweite. Taylor und Moogan [103] bringen im Unterschied dazu Schachbrettmuster ein, verfolgen allerdings den gleichen Ansatz, bei dem Kontraste im Kamerabild auf dem Schachbrettmuster zur Sichtweitenerfassung genutzt werden. Das synthetische Einbringen solcher Objekte und die Voraussetzung, dass die Entfernungen zu den Objekten bekannt sein müssen, sprechen gegen eine Umsetzung im Fahrzeug.

Kamerabasierte Verfahren, die zur Sichtweitenerfassung genutzt werden und keine speziellen Reflexionsziele voraussetzen, sind beispielsweise solche, die Castelli et al. [104] vorstellen. Dabei kommt ein stationäres Kameramodul ohne Strahlungsquelle zum Einsatz, das auf eine Grünfläche mit Gebäuden im Hintergrund ausgerichtet ist. Bei einem der vorgestellten Verfahren wird der Übergang zwischen Untergrund und Himmel beobachtet. Besteht ein sanfter Übergang, also ein geringer Gradient, so liegt Nebel vor. Wächst die Schärfe zwischen dem Übergang an, so schwindet der Nebel und die Sichtweite steigt. Die Schärfe beziehungsweise der Gradient zwischen Himmel und Untergrund sind hier das Maß für die Sichtweite. Ein weiteres Verfahren nutzt einen Algorithmus zur Kantendetektion. Der Algorithmus selber verwendet ebenfalls Gradienten, für die ein Schwellenwert festgelegt wird. Übersteigt ein Gradient diesen Wert, wird der Bereich als Kante festgelegt. Je mehr Kanten erfasst werden, umso höher ist die Sichtweite. Die Unschärfe durch den Nebel nimmt bei zunehmender Sichtweite ab, was zu einer Erhöhung der erkannten Kanten führt. Ähnliches passiert in der Arbeit bei der räumlichen Kontrastbestimmung. Viele Kontraste bedeuten eine hohe Sichtweite. Bei den Verfahren wird generell nur zwischen Sichtweiten-Klassen mit einer großen Spanne unterschieden. Die Klassen erstrecken sich in der Regel über Bereiche, die mehrere hundert Meter groß sind. Die Klasse der geringsten Sichtweite beispielsweise reicht von 0 bis 250 m. Werte innerhalb des Bereiches werden hier nicht voneinander differenziert. Die Bedeckung des Untergrundes durch Schnee oder eine Veränderung des Hintergrundes kann hier zu Verschlechterungen in der Sichtweitenbestimmung führen. Generell hängen die Verfahren stark von ihrer Umgebung ab und sind je nach Anforderung an die Genauigkeit der Sichtweite an den stationären Einsatz gebunden.

Ebenso gibt es Ansätze, welche die Bilddaten auf verschiedene Eigenschaften untersuchen. Roser und Moosmann [105] beschäftigen sich damit, aus den Bilddaten Eigenschaften wie Helligkeit, Kontrast, Schärfe, Sättigung und Farbton zu errechnen. In der vorliegenden Arbeit wird ein Zusammenhang zwischen diesen Bildeigenschaften und der Sichtweite hergestellt, was sie potenziell zur Detektion von Sichtweiten qualifiziert. Auch hier haben Veränderungen der Umgebung Einfluss auf die Genauigkeit der Sichtweitenbestimmung.

Gallen et al. [101] stellen im Unterschied zu den zuvor erläuterten Ansätzen solche vor, die auf der Kombination aus Kameras und Strahlungsquellen basieren. Diese Strahlungquellen werden jedoch nicht mit der Kamera gekoppelt. So werden im Kamerabild Halos um fest installierte Straßenbeleuchtung erfasst und auf deren Größe um die Strahlungsquellen herum untersucht. Ein Halo beschreibt hier einen hellen Ring um eine Strahlungsquelle [101]. Dabei geht es sowohl um die Größe des Halos als auch um die Richtung, in die der Halo zeigt. Ein zweiter Ansatz beschäftigt sich mit den Lichtkegeln der Fahrzeugbeleuchtung. Hier werden simulativ über das Monte Carlo Raytracing Streubilder der Frontbeleuchtung aus der Kameraperspektive hinter der Windschutzscheibe berechnet. Diese werden im Anschluss mit realen Streubildern verglichen, die von einer Fahrzeugbeleuchtung in einer Nebelkammer aufgenommen wurden. Korrelieren die simulierten Daten stark mit denen in der Nebelkammer, so handelt es sich bei der Sichtweite um die in der Simulation, so die Annahme. Eine spektrale oder eine detaillierte Betrachtung der gestreuten Ränder der Fahrzeugbeleuchtung findet hier nicht statt. Vielmehr wird ein Vergleich mittels Lookup Table zur Analyse der realen Nebelsituation genutzt.

Cheng et al. [106] beschäftigen sich mit der Entropie der Bilddaten. Die Entropie ist in der Bildverarbeitung ein Maß für den Informationsgehalt eines Bildes [70] [82]. Eine hohe Entropie hat einen hohen Energiegehalt zur Folge [82]. Vereinfacht kann man sich ein Bild als eine Ansammlung von Intensitätswerten vorstellen. Betrachtet man ein Bild von einem weißen Blatt Papier, so existieren viele hohe Intensitätswerte für das strahlend weiße Papier. Befindet sich ein Strich auf dem weißen Blatt Papier, so überdeckt dieser einen Teil der Intensitätswerte. Während die Anzahl der Pixel, die das weiße Blatt zeigen, sinkt, steigt die Anzahl der Pixel, die den schwarzen Stricht zeigen, um denselben Wert an. Die Entropie wächst, da nun unterschiedliche Intensitäten in den Bilddaten vorhanden sind, nämlich geringe Intensitäten des schwarzen Striches und hohe für das weiße Blatt Papier. Kommen einzelne Schattierungen dazu, so steigt die Entropie weiter an. Ein Bild von zum Beispiel einem Wald hat in der Regel eine hohe Entropie, da es viele unterschiedliche Farben mit unterschiedlichen Abstufungen enthält. Durch Nebel legt sich ein weißer Schleier über das Bild, der dazu führt, dass die Farben des Waldes weniger stark sichtbar sind. Die Entropie sinkt [70] [84] [82]. Genau dieser Effekt wird in der Arbeit von Cheng et al. [106] genutzt. Es werden Bilder nahe einer Autobahn ausgewertet und von jedem Bild die Entropie berechnet. Stellt man die errechneten Werte der Bilddaten mit der Sichtweite gegenüber, so ist eine Korrelation zu erkennen, die in der Veröffentlichung beschrieben wird. Auch hier führt die Veränderung der aufgenommenen Szene zu einer Verschlechterung der Sichtweitenerfassung.

Zusätzlich zu den bereits vorgestellten Verfahren können Fahrbahnmarkierungen als veränderliches Merkmal in Bilddaten genutzt werden, um Nebel zu erfassen. Busch und Debes [107] verwenden dieses Merkmal. Sie greifen bei der Bildverarbeitung auf Wavelets ("kleine Wellen") zurück, in denen die Eigenschaften der Kontrasterfassung enthalten sind. Die Wavelets werden zur Filterung der Bildinformationen genutzt. Ein experimentell ermittelter Schwellenwert definiert, ob ein Kontrast erkannt oder nicht erkannt wurde. Die Bilddaten werden dafür vorab vom Bild- in das Weltkoordinatensystem überführt. Je nachdem, in welcher Entfernung die Kontraste noch erkannt werden, liegt der Wert für die Sichtweite.

Die Dissertation von Pavlić [108] beschäftigt sich ebenfalls mit der Sichtweitenerfassung basierend auf Kamerainformationen. Hier werden spektrale Analysen der Frequenzen mithilfe der Gaborfilterung [109] [110] vorgestellt, die zur Aufteilung der Bilddaten in die spektralen Anteile angewendet wird. Die spektralen Anteile werden dann im Anschluss von einem trainierten Klassifikator in die jeweilige Sichtweitenklasse eingeordnet. Dabei handelt es sich um einen Ansatz, bei dem keine Koppelung zwischen Strahlungsquelle und Kamera vorgenommen wurde. Die spektralen Anteile kommen dabei rein aus den aufgenommenen Bilddaten der Straßenszene sowie bei Nachtfahrten von der Straßenszene und den Lichtkegeln der Abblendlichtverteilung des eigenen sowie anderer Fahrzeuge. Als spektrale Anteile werden hier Frequenzspektren bezeichnet, die durch die Umwandlung der Bilddaten in den Frequenzraum erzeugt werden.

In keinem der vorgestellten Verfahren findet dabei eine direkte Kopplung zwischen einer Strahlungsquelle und einem Kamerasystem statt. Zwar werden, wie bei Gallen et al. [101], die Lichtkegel eines Automobilscheinwerfers untersucht, jedoch ohne dabei bestimmte Merkmale zu betrachten, geschweige denn durch die Scheinwerfer gezielt Merkmale in den Nebel einzubringen. Diese offenen Themen werden im Rahmen dieser Arbeit behandelt.

KAPITEL 4

FORSCHUNGSTHEMEN

Die neuen Scheinwerfertechnologien bieten durch die erhöhte Winkelauflösung die Möglichkeit Bildmerkmale in die Umgebung einzubringen. Zugleich bringt der Einsatz von IR-Sensoren im automobilen Umfeld die Nutzung dieser Wellenlängenbereiche zur Sichtweitenbestimmung mit sich. Ein weiterer Unterschied zu den anderen Arbeiten ist hier, dass die Merkmale, die analysiert werden, mitgeführt werden. Ähnlich wie bei Kwon [102], bei dem spezielle Reflexionsziele genutzt werden, dienen die Projektionen durch die Scheinwerfermodule bei der Bilddatenauswertung als Referenz. Durch die feste relative Position zwischen Kamera und Scheinwerfer sind aus Perspektive der Kamera die Proportionen der Scheinwerferprojektionen bekannt. Es werden bei diesem Ansatz also keine festen Reflexionsziele, die in der Szene positioniert werden oder dort bereits platziert sind, wie zum Beispiel Verkehrsschilder, genutzt. Als veränderliches Merkmal werden durch Scheinwerfermodule beziehungsweise IR-Strahlungsquellen projizierte Strahlungsverteilungen verwendet.

Es werden Intensitäten der Streuung analysiert und spektral ausgewertet. Anders als bei Pavlić [108] wird hier das Spektrum der Wellenlängen der Strahlung und nicht der Bildfrequenzen genutzt. Weitere Abgrenzungen und Herleitungen der Untersuchungsgrößen basierend auf den Theorien werden im Folgenden detailliert beschrieben.

Für die Untersuchungen wurden die Sensorsysteme aus dem Kapitel 5 aufgebaut, deren Parameter dort dargelegt und begründet werden.

Zudem wurden die einzelnen Komponenten messtechnisch untersucht und die Resultate im selben Kapitel dargestellt. Die Nebelkammer von CEREMA in Clermont-Ferrand in Frankreich dient als Messumgebung, um das theoretisch hergeleitete Verhalten zu untersuchen. Dort lassen sich alle Umgebungseinflüsse ausblenden und gezielt der Einfluss des Nebels betrachten. Je nach Untersuchungsgröße kommt eine bestimmte Scheinwerfereigenschaft zum Tragen, die innerhalb der Untersuchung verändert und basierend darauf validiert wird. Diese Eigenschaften wurden vorab im Rahmen einer Feldstudie auf dem Fichtelberg in Sachsen in Deutschland unter realem Nebel untersucht, weshalb beispielsweise im Unterkapitel 6.5 auf diese verwiesen wird. Die Untersuchung unter kontrollierten Bedingungen in der Nebelkammer beschreibt das Kapitel 6.

4.1 Intensitäten und spektrales Verhalten

Im Rahmen der Arbeit wird untersucht, ob eine räumliche Veränderung der Streuung der eingebrachten Intensitäten der Scheinwerferprojektion zu erkennen ist. Da eine Kamera in der Regel drei Farbkanäle besitzt, eignet sich dieser Sensor in der Theorie zudem für eine spektrale Auswertung. Nutzt man darüber hinaus Strahlungsquellen mit unterschiedlichen Wellenlängenbestandteilen, so lassen sich die spektralen Veränderungen untersuchen. Da basierend auf der Mie-Theorie eine leichte Wellenlängenabhängigkeit der Streuung im Nebel vorliegt, wird überprüft, ob diese Veränderung mit der Nutzung einer phosphorkonvertierten Weißlicht-LED und einer RGB-Kamera detektierbar ist. Ebenso soll ermittel werden, ob sich ein Infrarotsystem mit zwei unterschiedlichen Wellenlängen besser eignet. Darüber hinaus wird analysiert, ob sich die Gesetzmäßigkeit der MOR ebenso in den Daten finden lässt. So wird das Verhalten der Intensität der Streuung mit dem Bouguer-Lambert-Gesetz abgeglichen.

4.2 Nebelstrukturen

Die Durchmischung von Nebel ist in der Realität zu keinem Zeitpunkt vollständig homogen [111] [112], da es beispielsweise durch die Bewegung der Luftmassen zu einer Vermengung mit frischer Luft kommt. Daher sind Bereiche im Nebel enthalten, die eine höhere und eine geringere Konzentration der Aerosolpartikel besitzen. Es treten Inhomogenitäten auf, die durch die eingebrachte Strahlung verstärkt werden, da es in den einzelnen Bereichen zu unterschiedlich hoher Streuung kommt. Diese Strukturen sollten sich in der Streuung ausbilden und sichtbar werden. Es wird ein Verfahren vorgestellt, mit dem die Struktur des Nebels aus den Bilddaten extrahiert werden kann. Darüber hinaus wird untersucht, ob der Untergrund oder die Nebelerzeugung in der Nebelkammer von CEREMA Grund für deren Auftreten ist. Auch hier werden die Strukturen und die Sichtweite gegenübergestellt.

4.3 Eingebrachte Projektionsstruktur

Bei der Projektion von Strahlung in den Nebel kommt ebenfalls das Bouguer-Lambert-Gesetz zum Tragen. Das Augenmerk dieses Untersuchungsthemas liegt auf der Veränderung der eingebrachten hochaufgelösten Projektionsstruktur im Nebel. Daher besteht der Kern der Untersuchung darin, zu überprüfen, wie sich die Gradienten der eingebrachten Projektionen in Abhängigkeit zur Sichtweite verändern. Zusätzlich dazu geht es darum, welches Projektionsmuster sich für die Sichtweitenerfassung am besten eignet und welche Eigenschaften der Projektion zu einer Verbesserung der Daten führen. Daneben soll erforscht werden, welche Bereiche in der Projektion, bezogen auf die Auswertung der Messdaten, welche Informationen enthalten und welchen Störungen unterliegen.

4.4 EINFLÜSSE DURCH DIE FAHRBAHN

Solange sich in der Nähe der Reflexionen an den Aerosolpartikeln eine Oberfläche befindet, hat auch diese Einfluss auf die Streuung. Im dynamischen Fahrbetrieb verändert sich die Fahrbahn mehr oder weniger stark. Umso entscheidender ist es, diesen Einfluss zu betrachten. Durch die Reflexion am Nebel kann es zu einer Reflexion der Streustrahlung am Untergrund kommen, die sich in der Streuung im Nebel bemerkbar macht. Die Einflüsse werden bei allen zuvor genannten Untersuchungsthemen betrachtet. Es wird untersucht, wie groß diese Einflüsse sind und in welchen Bildbereichen sie besonders stark auftreten.

4.5 EINFLÜSSE DER HARDWAREEIGENSCHAFTEN

Hardwareeigenschaften wie die Kameraauflösung oder die Brennweite der Objektive spielen bei den Messungen eine Rolle. Insbesondere die Nebelstruktur kann potenziell von einer hohen Auflösung profitieren, da dadurch kleinste Strukturen erfasst werden können. Bei der Betrachtung der Projektionsstrukturen erstrecken sich die durch die Kamera erfassten und durch den Nebel beeinträchtigten Projektionen über eine größere Anzahl an Pixeln, was für ein höheres SNR sorgen kann. Die Scheinwerferauflösung hat Auswirkungen auf die mögliche minimale Strukturgröße der Projektion was beim Forschungsthema *Eingebrachte*

Projektionsstruktur in Unterkapitel 6.6 eine übergeordnete Rolle spielt. Bei der Kopplung von Kamera und Scheinwerfer kann ebenso die Position zueinander Einfluss auf die Daten haben. Durch beispielsweise den größeren Öffnungswinkel einer Abblendlichtverteilung in horizontaler Richtung im Vergleich zur vertikalen, könnten durch eine Kameraintegration in den Scheinwerfer höhere Intensitätswerte und dadurch potenziell bessere Messdaten erzielt werden.

4.6 ERWARTUNGEN AN DIE FORSCHUNGSTHEMEN

Im Rahmen der experimentellen Untersuchungen werden bei der Bearbeitung der Forschungsthemen die Aussagen zu folgenden Annahmen erwartet:

1. Die Intensitätsveränderungen der Streuung zeigen die Gesetzmäßigkeit des Bouguer-Lambert-Gesetzes, lassen sich somit zur Sichtweitenerfassung nutzen.
2. Entsprechend der Theorien nach Mie und Rayleigh lassen sich spektrale Unterschiede in der Streuung detektieren.
3. Die Nebelstruktur lässt sich in der Streuung finden und für die Sichtweitenerfassung nutzen.
4. Die Nebelstruktur wird gröber, je geringer die Sichtweite ist.
5. Die eingebrachte Projektionsstruktur zeigt ein systematisches, für die Sichtweitenerfassung nutzbares Verhalten.
6. Die Zunahme der Linienbreite einer projizierten Linie sorgt durchgehend für eine höhere Struktur der Streuung im Nebel und ist somit bei der Sichtweitenerfassung überlegen.

7. Die Darbietung von mehreren Projektionslinien sorgt für eine Steigerung der eingebrachten Projektionsstruktur. Ein hochauflösender Scheinwerfer ist demnach einem einfachen LED-Scheinwerfer bei der Sichtweitenerfassung überlegen.
8. Der Untergrund wirkt sich erst in dem Bereich auf die Streuung im Nebel aus, in dem die Projektion auf den Untergrund strahlt.

KAPITEL 5

SENSORPROTOTYPEN

Für die experimentellen Untersuchungen wurden zwei Sensorsysteme aufgebaut. Das gesamte Kapitel dient der Erläuterung der Hardwarekomponenten und der Darlegung der technischen Möglichkeiten. Es basiert auf theoretischen Betrachtungen einzelner Hardwareparameter sowie messtechnisch ermittelten Eigenschaften der hier genutzten Hardware. In den anschließenden experimentellen Untersuchungen wird auf dieses Kapitel zurückgegriffen.

5.1 PROTOTYPENHARDWARE

Bei den zur Durchführung der Messungen aufgebauten Sensoren handelt es sich um ein System, das im sichtbaren (VIS-Bereich [79]) [113] und eines, das im infraroten elektromagnetischen Bereich (IR-Bereich) [114] arbeitet. Über die für das System entwickelte Ansteuerungssoftware können Parameter wie beispielsweise die Auslösefrequenz sowie die Helligkeit und Projektionsmuster des Scheinwerfers eingestellt werden. Das Scheinwerfersystem basiert auf einem DLP-Developer Kit von Texas Instruments (DLP 9000). Die DLP-Technologie wurde von der Firma Texas Instruments entwickelt und dient zur Projektion von Bildern oder anderen Strukturen durch die Nutzung einer Matrix aus einzelnen Spiegeln in der Größe von wenigen Mikrometern [115]. Auf diese Matrix trifft Strahlung, die entweder durch die Verkippung der Spiegel aus einem Objektiv ausgekoppelt oder durch die entgegengesetzte Verkippung der Spiegel in einen Absorber geleitet wird [115]. Kombiniert wird das System mit einem Array aus sechs LEDs der Firma Osram und zwei 7 Megapixel RGB-Kameras (Baumer VLXT 71C.I [116]) als Erfassungssysteme. Durch die hohe Winkelauflösung des Scheinwerfers von rund 0,01°, können alle gängigen Scheinwerfersysteme abgebildet werden. Mittels der drei Farbkanäle der Kamera können spektral aufgelöste Bilddaten der Streuung erhoben werden [116]. Zudem können durch die hohe Auflösung der Kameras und die Größe der Pixel sowohl sehr hochwertige Kameramodule mit einem geringen Bildrauschen, als auch minderwertige Module simuliert werden. Das Infrarotsystem besteht aus einer IR-Kamera (NIT WiDY SenS 640 V-ST [117]) sowie zwei IR-Strahlungsquellen mit 1075 und 1550 nm. Beide Systeme sind per Hardware getriggert und besitzen daher geringe Auslöseverzögerungen. So ist sichergestellt, dass Strahlungsquellen und Kameramodule synchron arbeiten.

Der Kamera-Scheinwerfer-Sensor ist in Abbildung 5.1 dargestellt und besteht aus einer oberen Kamera (1), die der Anordnung hinter der Windschutzscheibe, sowie einer seitlichen (2), die der Integration in den Scheinwerfer entsprechen. Beide Kameras befinden sich auf Gelenkköpfen. Der Lichtaustritt des DLP-Moduls (3) entspricht in etwa einer Fläche von 50 $\times$ 50 mm. Darüber hinaus ist die Luftansaugung (4) für die Wasserkühlung vom LED-Treiber, LED-Array und dem DLP-Developer-Kit zu sehen. Für den Einbau am Versuchsfahrzeug existieren die Befestigungspunkte (5). Zur Datenübertragung zum Messrechner, zum IR-Kamera-Sensor und der Stromversorgung besitzt das Modul die Anschlüsse (6) auf der Rückseite.

Abbildung 5.2 zeigt das geöffnete Modul in der detaillierten Draufsicht. Im rechten Teil ist das Projektionssystem zu sehen, dessen Abdeckung mit einer Umlaufdichtung versehen ist. Die Sekundäroptik (1) koppelt das Licht vom DLP-Developer-Kit (2) aus. Die Beleuchtungs-

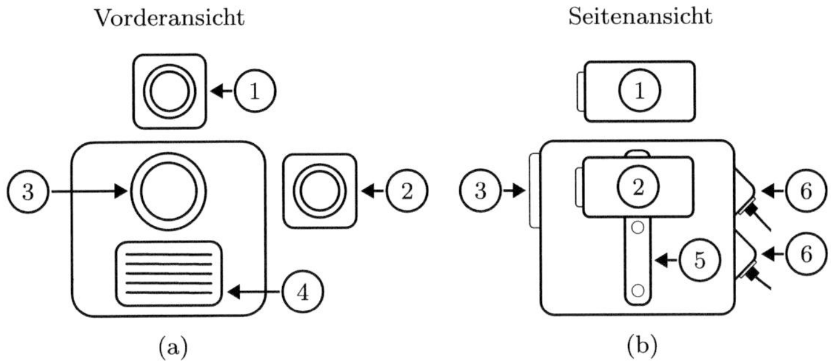

Abbildung 5.1: Skizze des Aufbaus des Kamera-Scheinwerfer-Sensors in der Vorder- (a) und Seitenansicht (b). Bauteile: (1) Obere Kamera, (2) seitliche Kamera, (3) Lichtaustritt, (4) Einlass für Kühlluft, (5) Anschraubpunkte zum Rack, (6) Strom-/Datenanbindungspunkte.

einheit (3) besteht aus dem LED-Array mit einem Kühlkörper zur Wärmeabfuhr und der Primäroptik, welche die LED-Strahlung auf dem DLP-Developer-Kit abbildet. Das Kühlwasser führt die vom Kühlkörper aufgenommene Wärme durch die Schlauchführungen (4) zum Radiator ab. Das System wird über die Anschraubpunkte (5) mit dem Versuchsfahrzeug verbunden. Hinter dem Bereich (6), befinden sich der eigens für dieses Modul entwickelte LED-Treiber sowie die Ansteuerungselektronik, der DC/DC Wandler und das DLP-Developer-Kit. Der aktive USB-Switch (7) dient der Anbindung aller USB-Komponenten an den im Kamera-Scheinwerfer-Sensor verbauten USB-Buchsen zur Datenweitergabe an den Messrechner. Die Kühlwasserpumpe (8) pumpt das Kühlwasser aus dem Ausgleichsbehälter (9) und fördert es durch den Kühlkreislauf. Hier nicht dargestellt ist die Abdeckung auf der linken Seite, die alle Anschlüsse enthält.

Neben den Hardwareparametern ist es durch die Anordnung auch möglich zu untersuchen, ob eine in den Scheinwerfer integrierte Kamera einen Mehrwert bringt und wie sie sich von der Position hinter der Windschutzscheibe unterscheidet. Ebenso ist es durch die Wahl der beiden

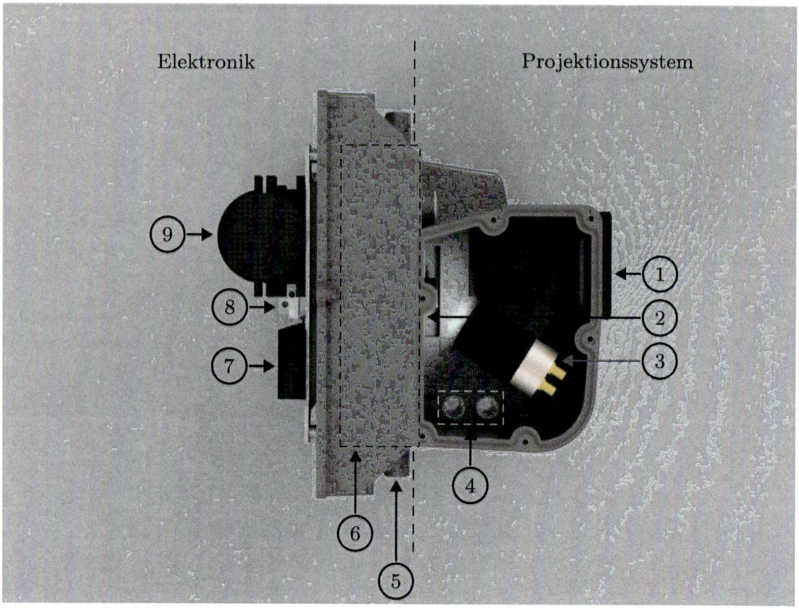

Abbildung 5.2: Geöffnetes Scheinwerfermodul in der Draufsicht. Rechts: Geöffnetes Projektionssystem, Sekundäroptik (1), DLP (2), LED-Array mit der Primäroptik und Kupferkühlkörper (3), Schlauchdurchführungen Wasserkühlung (4), Anschraubpunkte Fahrzeugrack (5), LED-Treiber, Ansteuerungselektronik, DC/DC Wandler und DLP-Developer-Kit (6), USB Switch (7), Kühlwasserpumpe (8), Ausgleichsbehälter (9).

Objektive möglich, den Einfluss unterschiedlicher Winkelauflösungen zu untersuchen. Beide Objektive besitzen die gleiche minimale Blendenöffnung von f2.0, die für die Messungen genutzt wurde, sowie eine geringe Bildverzerrung [118] [119].

Bei dem IR-Modul kommen zwei IR-Strahler mit den Wellenlängen von 1075 und 1550 nm zum Einsatz [120] [121]. Das Ziel bei der Auswahl der Wellenlängen war es, möglichst die Wellenlängen von gängigen IR-Sensoren (LiDAR, Gated Camera) abdecken zu können. Die IR-Kamera ist im Bereich der IR-Strahlungsquellen nahezu gleichbleibend empfind-

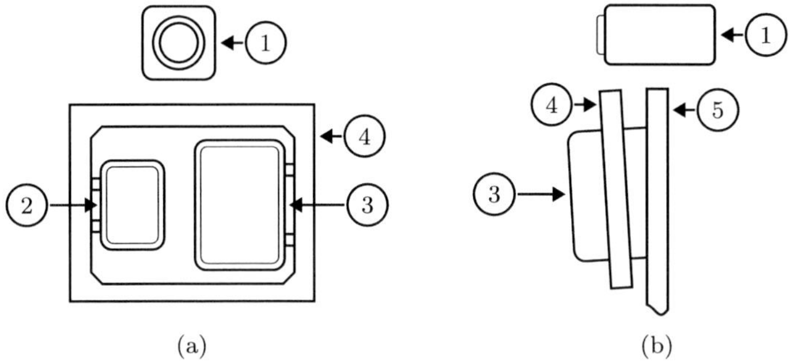

Abbildung 5.3: Skizze des Aufbaus des IR-Kamera-Sensorsystems in der Vorder- (a) und Seitenansicht (b). Bauteile: IR Kamera (1), 1075 nm Strahlungsquelle (2), 1550 nm Strahlungsquelle (3), der Aluminiumrahmen (4) an einem Aluminiumgestell (5).

lich [117]. Das Modul ist darüber hinaus in ein wasserdichtes Gehäuse verbaut und sitzt hinter einem für den infraroten Bereich der Strahlungsquellen durchlässigen Optolite IR-Filter der Infraton GmbH mit einer Dicke von 3 mm.

Abbildung 5.3 zeigt den IR-Aufbau des Sensorsystems. In der Vorderansicht (a) sind die Kamera im wasserdichten Gehäuse (1) und die 1075 nm (2) sowie die 1550 nm (3) Strahlungsquellen zu sehen. Das System befindet sich in einem Aluminiumrahmen (4). In der Seitenansicht (b) ist das Aluminiumgestell (5) zu sehen, an dem der Aluminiumrahmen (4) hier befestigt ist. Das Gestell ist starr und der Rahmen lässt sich relativ dazu verstellen. Die Kamera (1) ist an dem Aluminiumgestell befestigt und besitzt einen eigenen Gelenkkopf. Was hier nicht zu sehen ist, ist die wasserdichte Elektronikbox, in der sich die Ansteuerungselektronik für den Hardwaretrigger von Kamera und Strahlungsquellen befindet. Tabelle 5.1 zeigt eine Auflistung der technischen Daten beider Systeme.

Für beide Systeme wurden die Anschaltverzögerungen untersucht, um zu garantieren, dass die jeweiligen Strahlungsquellen vollständig aufleuchten, bevor die Bilddaten aufgenommen werden [114]. Ebenso wur-

Eigenschaft	VIS-System	IR-System
Kameraauflösung	3200 × 2200 Pixel	640 × 512 Pixel
Pixelgröße	4,5 × 4,5 μm	15 × 15 μm
Sensor Pattern	RGGB	Mono
Farbtiefe	12 Bit	14 Bit
Brennweite Kam.	12 mm / 25 mm	8 mm
Wellenlängenbereich Kam.	380 - 780 nm	980 - 1650 nm
Wellenlängenbereich Str. (H × V)	380 - 780 nm	1075 / 1550 nm
Öffnungswinkel Str. (H × V)	15 × 10°	10 × 10° / 10 × 10°
Winkelauflösung Strahlungsquelle	0,01 °	10,00°

Tabelle 5.1: Technische Daten der entwickelten und genutzten Sensorhardware [120] [121] [119] [118] [116] [117].

den die Strahlungsquellen und die RGB-Kameras spektral vermessen, um zu garantieren, dass bei parallelem Betrieb keine gegenseitige Beeinflussung stattfindet.

5.2 Sensorische Eigenschaften

Abbildung 5.4 zeigt die Lichtstärkeverteilungen des Moduls bei einer Lichtverteilung mit drei 1,25° breiten (a) vertikal und (b) horizontal verlaufenden Linien mit einem Abstand von 1,25°. Die Messung wurde an einer kalibrierten Lichtmessstrecke der HELLA GmbH & Co. KGaA durchgeführt. Zu erkennen ist die Inhomogenität, die durch die gewählte Primäroptik entsteht. Der rechte äußere Streifen besitzt zudem im Vergleich zum linken einen geringen Lichtstrom. Das hat zur Folge, dass

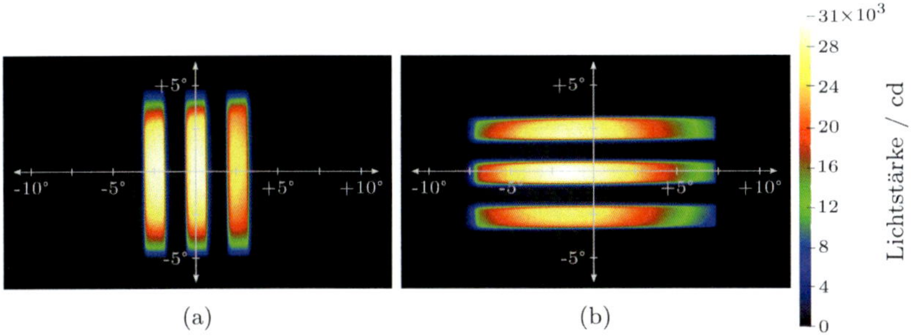

Abbildung 5.4: Zwei Lichtstärkeverteilungen des Scheinwerfers bei drei vertikalen (a) und drei horizontalen (b) 1,25° breiten Linien mit einem Abstand von 1,25°.

die Lichtstärke je nach Position des Projektionsmusters schwankt, was bei der Interpretation der Messergebnisse berücksichtigt wird.

Zudem treten an den Rändern der kurzen Seiten der Linien leichte Farbsäume auf, die für die Untersuchung kein Problem darstellen und bei den experimentellen Untersuchungen berücksichtigt werden. In Abbildung 5.5 sind dazu zwei Diagramme dargestellt, die jeweils einen Schnitt durch den Ursprung zeigen. Zu sehen sind ein vertikaler (a) und horizontaler (b) Schnitt durch den Ursprung der vollflächigen Projektion. Zudem werden die Randbereiche über die Detailansichten (c) (d) abgebildet, in denen die Farbunterschiede mal mehr und mal weniger deutlich zu erkennen sind. Die Winkel geben jeweils den Abstrahlwinkel vom Scheinwerfermodul an. Eingemessen wurden die dargestellten Werte über eine lichttechnische Messeinrichtung der HELLA GmbH & Co. KGaA.

Abbildung 5.6 zeigt die spektralen Verteilungen der drei Farbkanäle der verwendeten Kameras. Die spektrale Vermessung wurde HELLA-intern auf einer kalibrierten Messanlage durchgeführt. Dabei leuchtete eine spektral durchschaltbare Strahlungsquelle auf ein aufgeschäumtes Quarzglas (OTS-DIF-R-0014) der Firma Opsira, deren Reflexion von

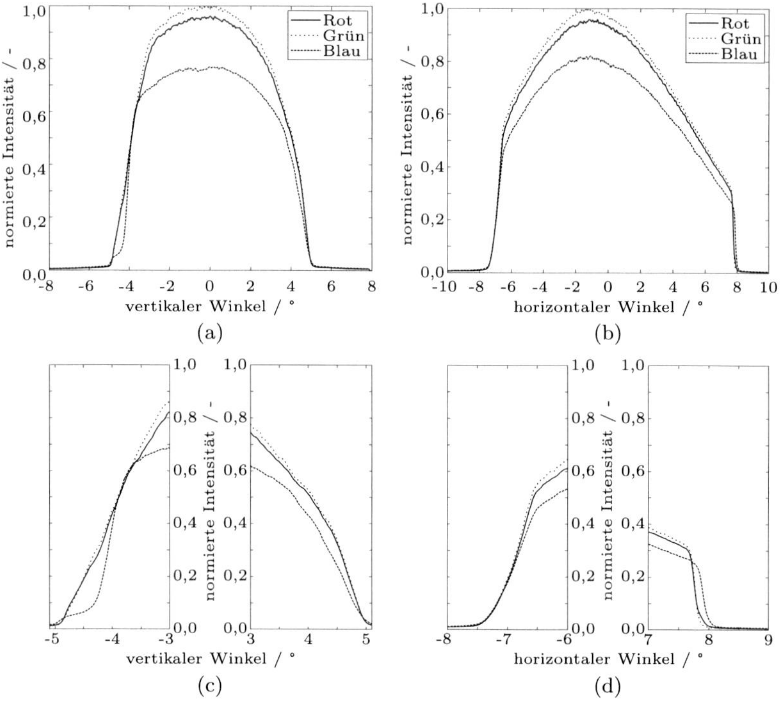

Abbildung 5.5: Schnitt durch die vollflächige Projektion mit jeweils zwei Detailansichten entlang der Vertikalen (a) (c) und der Horizontalen (b) (d). Die Werte sind auf das Maximum der grünen Farbinformationen normiert.

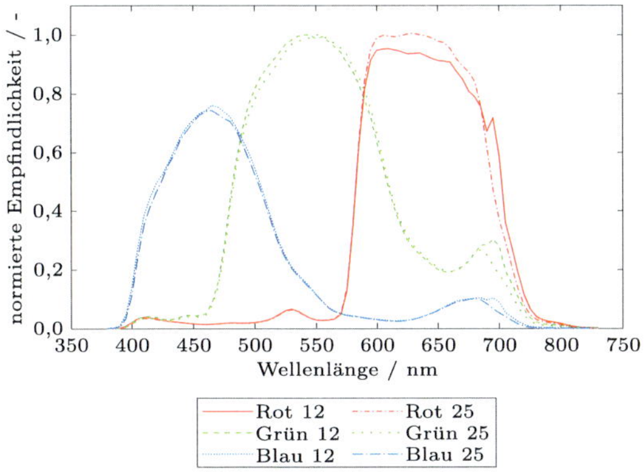

Abbildung 5.6: Die spektralen Empfindlichkeiten der oberen Kamera 1 mit ihrem 12 mm Objektiv sowie die seitliche Kamera 2 mit dem 25 mm Objektiv.

der einzumessenden Kamera aufgezeichnet wurde. Die Reflexion am Quarzglas ist laut Hersteller bezogen auf die Wellenlängen nahezu nicht selektiv. Bei der anschließenden Auswertung wurde zudem die über die unterschiedlichen Wellenlängen ungleichmäßige Intensität der spektral durchgeschalteten Strahlung berücksichtigt. Die Kameras wurden in ihrer finalen Konfiguration, also inklusive ihres staub- und wasserdichten Schutzes, vermessen. Alle hier aufgeführten Messgeräte waren zum Zeitpunkt der Messung kalibriert. Die Empfindlichkeiten der beiden Kameramodule weichen über den Wellenlängenbereich minimal voneinander ab. Der Grund dafür könnten Beschichtungen oder unterschiedliche Anzahlen an Linsen in jedem Objektiv sein.

Die in Abbildung 5.7 gezeigte Strahlungsverteilung des Scheinwerfers wurde bei maximalem Lichtstrom mit dem Spektroradiometer Optronic OL 770 von Optronic Laboratories an der Ulbrichtkugel OL IS-3900 von Gooch & Housego vermessen.

Vergleicht man die spektralen Empfindlichkeiten der Farbkanäle der Kamera mit der spektralen Intensitätsverteilung des DLP-Moduls, so

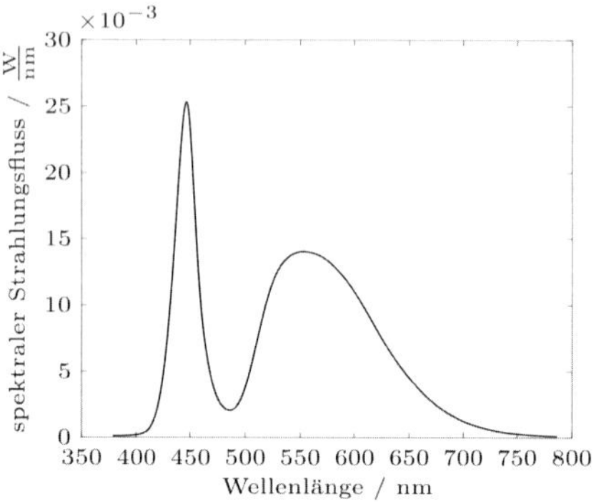

Abbildung 5.7: Spektrale Verteilung der Strahlung des DLP-Scheinwerfermoduls. Es besitzt einen Lichtstrom von 815 lm, einen Strahlungsfluss von 2,489 W bei einer Farbtemperatur von 5799 K.

kann man eine hohe Überlappung im Grünkanal feststellen. Aus diesem Grund zeigt die Abbildung 5.8 die mit dem LED-Spektrum gewichteten Farbkanäle der Kameras. Da die ermittelten spektralen Empfindlichkeiten keine Photoneneffizienz am Bildsensor der Kamera gemessen darstellen, wurde das LED-Spektrum auf deren Maximalwert normiert.

Somit verschwindet die Einheit des spektralen Strahlungsflusses und es kommt an dieser Stellt zu keiner Verwirrung. Entscheidend sind im Folgenden ohnehin nur die Relationen zwischen den Farbkanälen. Die Tabelle 5.2 zeigt die Integrale der in Abbildung 5.8 dargestellten Farbkanäle. Zu erkennen ist die zuvor erwähnte hohe Übereinstimmung der Empfindlichkeit der Grünkanäle der Kameras mit dem LED-Spektrum des DLP-Moduls.

Um das auszugleichen, wurde ein Weißabgleich der Kameras zu der Lichtverteilung des DLP-Moduls durchgeführt. Dabei wurde vor den Scheinwerfer ein spektral nahezu nicht selektiver [122] [123] [124] [125] [126] Bariumsulfatschirm mit einer Schichtdicke größer 1 mm aufgestellt. Der Scheinwerfer wurde auf den maximalen Lichtstrom eingestellt und

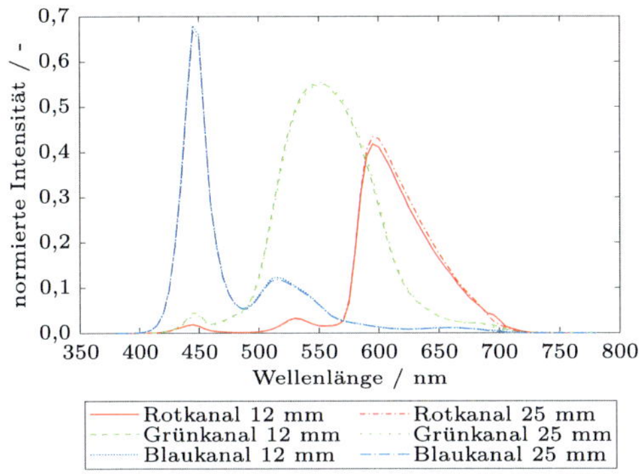

Abbildung 5.8: Die spektralen Empfindlichkeiten der oberen Kamera 1 (12 mm Objektiv) und der seitlichen Kamera 2 (25 mm Objektiv), die mit dem LED-Spektrum gewichtet wurden. Das Spektrum wurde zuvor auf den Maximalwert normiert.

Farbkanal	Kamera 1	Kamera 2
Rot	28,57	29,68
Grün	52,80	52,78
Blau	27,47	26,83

Tabelle 5.2: Integrale der mit dem normierten LED-Spektrum gewichteten Empfindlichkeiten der Farbkanäle der oberen Kamera 1 und seitlichen Kamera 2.

Farbkanal	Weißabgleich Kam. 1	Weißabgleich Kam. 2	Standardwert
Rot	1,8591	1,7718	1,4000
Grün	1,0000	1,0000	1,0000
Blau	2,0392	2,0630	1,8000

Tabelle 5.3: Werte, die über den Weißabgleich zur Verstärkung der Farbkanäle ermittelt wurden und solche, die den Farbkanälen standardmäßig hinterlegt sind.

die Reflexion auf den Schirm durch beide Kameramodule erfasst. Die Werte, mit denen die Farbkanäle beider Kameramodule multipliziert werden müssten, um die gleichen Intensitätswerte auszugeben, sind der Tabelle 5.3 zu entnehmen. In der Tabelle sind zudem die Verstärkungsfaktoren dargestellt, die in den Kameramodulen standardmäßig hinterlegt sind, durch den Weißabgleich aber berücksichtigt wurden.

Die Abbildung 5.9 zeigt die Strahlstärkeverteilung der IR Strahlungsquellen. Die Messungen dazu wurden, ebenso wie die folgende spektrale Verteilung in Abbildung 5.11, am Lichttechnischen Institut (LTI) des Karlsruher Institut für Technologie (KIT) gemeinsam mit Qihao Jin mithilfe einer optischen Bank durchgeführt, auf welcher die Strahlungsquellen befestigt wurden. Die Befestigung der Strahlungsquellen befand sich auf einem Rotationsteller, der elektrisch angesteuert werden konnte. Die Strahlungsquellen wurde bei der ersten Messung in 1°, bei der zweiten in 2° Schritten zum Detektor gedreht, der zur Erfassung der Infrarotstrahlung genutzt wurde. Da es generell um die Überprüfung der Strahlungsverteilung ging, reicht die Drehung in 2° Schritten aus. Der Detektor war ein PDA10CF(-EC) InGaAs Amplified Detector von Thorlabs, der eine Empfindlichkeit über den Wellenlängenbereich von 800 bis 1700 nm besitzt. Die über den Wellenlängenbereich schwankende Empfindlichkeit wurde bei der Auswertung des Strahlungskegels berücksichtigt. Zugleich wurde dort das Spektrum der IR-Strahlungsquellen eingemessen (vgl. Abbildung 5.10), um sicherzu-

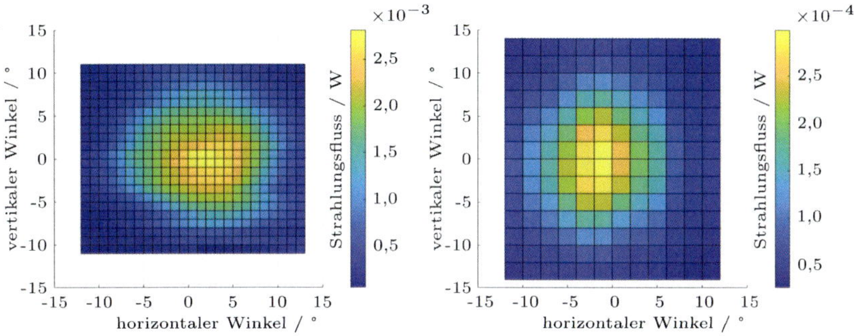

(a) (b)

Abbildung 5.9: Strahlungsflussverteilungen der beiden IR-Strahlungsquellen mit den Peakwellenlängen (a) 1075 nm und (b) 1550 nm. Die Skalierungen der Falschfarben sind für jede Strahlungsquelle unterschiedlich, da sich die maximalen Strahlungsflüsse stark voneinander unterscheiden.

stellen, dass das Wellenlängenspektrum dem im Datenblatt von Larson Electronics angegebenen Werten entspricht. Dazu wurde das Spektrometer Spectro 320 D von Instrument Systems genutzt, mit dessen Hilfe die Spektren der Strahlungsquellen mit 1 nm Schrittweite abgetastet wurden.

Die gemessene Strahlungsflussverteilungen beider Strahlungsquellen liegt, wie in der Abbildung 5.9 zu sehen, im vom Hersteller angegebenen Bereich von 10° vertikal und 10° horizontal. In (a) ist die Verteilung des Strahlungsflusses über die Winkel in ° der 1075 nm und in (b) 1550 nm Strahlungsquelle zu sehen. Die leichte Verschiebung des Maximums kommt vermutlich von Ungenauigkeiten bei der Ausrichtung der optischen Achse zum Detektor. Beide Strahlungsflussverteilungen sind nahezu rotationssymmetrisch. Ansonsten lassen sich hier ebenso die unterschiedlichen Intensitäten zwischen den beiden Quellen erkennen. Da die Strahlungsquellen unterschiedliche Strahlungsflüsse besitzen, wurde mit der Kamera mithilfe des zuvor genutzten Bariumsulfatschirms eine Art Weißabgleich durchgeführt. Der Schirm wurde dafür vor den IR-

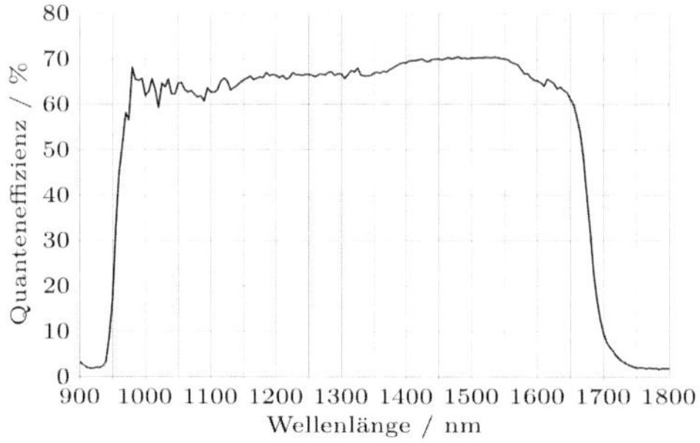

Abbildung 5.10: Die Quanteneffizienz der WiDY SenS 640 V-ST von NIT, die vom Hersteller zur Verfügung gestellt wurde.

Kamera-Sensor positioniert. Die Belichtungszeiten der Kameras wurden so angepasst, bis sich die Pixelwerte der Kamera bei den Aufnahmen mit beiden Strahlungsquellen glichen. Das war für die 1075 nm Strahlungsquelle bei 1000 μs und die 1550 nm bei 2300 μs der Fall [114]. Der Bariumsulfatschirm wurde genutzt, da er auch für den IR-Wellenlängenbereich nahezu aselektiv gegenüber der Wellenlänge ist [124] [125] [126] [127]. Ebenso wird der Effekt berücksichtigt, dass die Brechung in der Kameraoptik wellenlängenabhängig ist, was in unterschiedlichen Schärfeebenen je Wellenlänge resultiert. Bei der späteren Untersuchung werden die Intensitäten der Streuung in der Luft, nicht aber die Schärfe der Projektion ausgewertet, weshalb das hier kein Problem darstellt.

Abbildung 5.11 zeigt die spektrale Verteilung der beiden IR Strahlungsquellen. Die Messung wurde mit dem Spectro 320 D von Instrument Systems durchgeführt. Die Verteilungen bewegen sich LED typisch jeweils um die vom Hersteller angegebenen Werte von 1075 und 1550 nm. Die Strahlungsquelle 1075 nm (a) besitzt das Maximum bei der angegebenen Wellenlänge, bewegt sich dabei allerdings asymmetrisch in einem Bereich +50 und -150 nm. Die Strahlungsquelle 1550 nm (b) besitzt das Maximum ebenfalls bei der angegebenen Wellenlänge und in einem

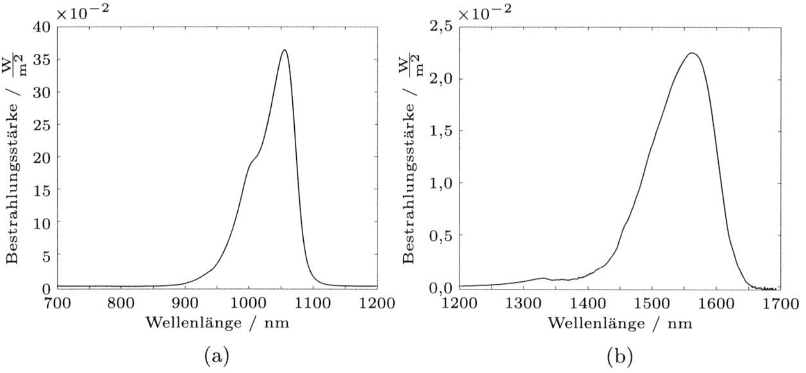

Abbildung 5.11: Die spektrale Verteilung der IR-Strahlungsquellen. (a) zeigt die Strahlungsquelle 1075 nm mit einem Maximum der Bestrahlungsstärke von 0,3646 $\frac{W}{m^2}$ bei 1055 nm. (b) zeigt die Strahlungsquelle 1550 nm mit einem Maximum der Bestrahlungsstärke von 0,0226 $\frac{W}{m^2}$ bei 1562 nm.

Bereich von +/- 100 nm. Für die Untersuchungen in dieser Arbeit sind die Abweichung irrelevant, da Kern der Untersuchung ein genereller Nachweis des Effektes der Wellenlängenabhängigkeit der Streuung im Nebel ist.

KAPITEL 6

EXPERIMENTELLE UNTERSUCHUNGEN

In diesem Kapitel werden die in der Nebelkammer von CEREMA durchgeführten Messungen beschrieben, die auf den Forschungsthemen aus dem Kapitel 3 basieren.

Um die Darstellungen der Untersuchungen übersichtlich zu gestalten, findet in den jeweiligen Unterkapiteln folgende Unterteilung statt:

1. Einleitung in die Untersuchungsgröße
2. Theoretische Betrachtung des erwartbaren Verhaltens
3. Genutzte Bildverarbeitungsverfahren
4. Einflüsse durch Veränderungen der Sichtweite
5. Bedeutung der Einflüsse für das Gesamtsystem

6.1 VERSUCHSAUFBAU

Die Nebelkammer ist in Abbildung 6.1 dargestellt, in der zudem die Position der Prototypen während der Messungen eingezeichnet ist. Durch die technischen Gegebenheiten der Kammer und die Möglichkeit, Messungen mit einer hohen Wiederholgenauigkeit durchführen zu können, wurde diese als Ort der Untersuchungen ausgewählt. Die der Realität entsprechende Tröpfchenverteilung des Nebels [31], sorgt für eine

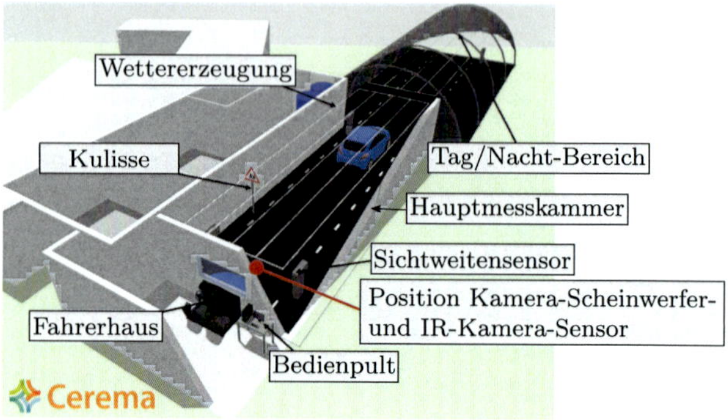

Abbildung 6.1: Nebelkammer in Clermont-Ferrand zur Nebelsimulation. Die Begriffe aus der Quelle wurden ins Deutsche übersetzt [32].

Vielzahl an wissenschaftlichen Untersuchungen in eben dieser Kammer [101] [128] [129] [130] [131] [132].

Die Nebelkammer ist in eine Hauptmesskammer und einen Tag/Nacht-Bereich unterteilt. Der Tag/Nacht-Bereich bietet die Möglichkeit, Sonnenstrahlung einzukoppeln, um Messungen unter Umgebungsbeleuchtung durchzuführen. Die Kammer selbst wird über das Bedienpult im vorderen Bereich gesteuert und überwacht. Im selben Raum wurden während der Untersuchungen die Messrechner zur Erfassung der Messdaten aufgebaut und eine Datenverbindung zu den Sensoren in der Hauptmesskammer hergestellt.

Der Nebel wird hier über Düsen in der Decke unter hohem Wasserdruck durch die Zerstäubung des Wassers erzeugt. Die Partikelgröße der Aerosolpartikel beträgt im Mittel zwischen 1 und 10 μm [31] [50], was den Partikeldurchmessern von realen Wasserpartikeln im Nebel entspricht [39] [51] [52] [53]. Die Tropfenverteilung mit 100 bis 1000 Tropfen pro cm^3 [31] [32] entspricht ebenso der von realem Nebel [32] [39] [51] [53] [52].

Die Sichtweite wurde während der Messungen von dem fest installierten

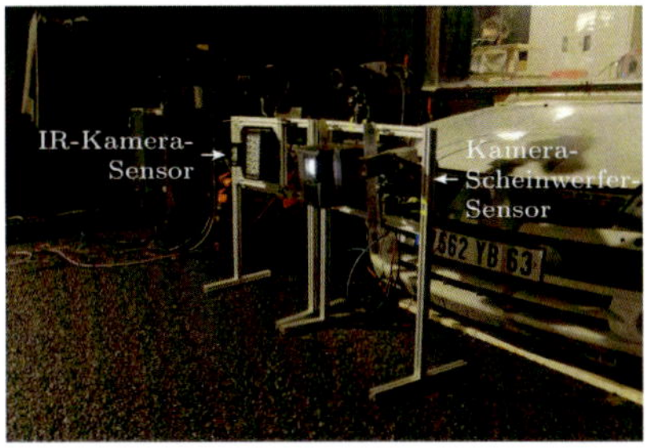

Abbildung 6.2: Die beiden Prototypen, die in der Nebelkammer platziert sind.

Transmissometer TR30 von Degreane Horizon erfasst [133]. Das Messgerät ist kalibriert und arbeitet bei Sichtweiten von 10 bis 500 m mit +/- 1 % und von 500 bis 1000 m mit +/- 5 % Genauigkeit bezogen auf die Sichtweite nach der MOR [50] [32] [133]. Es befindet sich in einem Abstand von 1,70 m zur Mitte der Kammer. Die Düsen zur Nebelerzeugung befinden sich auf einer Höhe von 2,10 m über dem Untergrund. Der Untergrund ist in Abbildung 6.3 zu sehen. Er wird zu Beginn der Messungen angefeuchtet, da er durch die hohe Luftfeuchtigkeit bei Nebel während der Messungen feucht werden würde, wodurch es zu einer vermeidbaren Veränderung in der Szene kommen würde. Wird der Einfluss durch den Untergrund untersucht, so wird der Zustand des Bodens noch einmal explizit erwähnt.

Die spektral aufgelösten Reflexionseigenschaften des Untergrundes zeigt die Abbildung 6.4. Die Reflektivität der sichtbaren Strahlung liegt bei ungefähr 6,5 %, im Bereich der IR-Strahlungsquelle mit 1075 nm bei 8,5 % und bei 1550 nm bei 10,0 % [32], was einer in der Realität anzutreffenden geteerten Fahrbahnoberfläche entspricht [134] [135] [136] [137].

Der Asphalt ist aufgrund seiner wasserableitenden Eigenschaften grobporig. Die Wände der Kammer sind mit einer matten schwarzen Oberfläche versehen, um einen möglichst geringen Einfluss auf die Strahlung im Messbereich auszuüben.

(a) (b)

Abbildung 6.3: Untergrund der Messkammer im Messbereich im trockenen (a) und nassen Zustand (b).

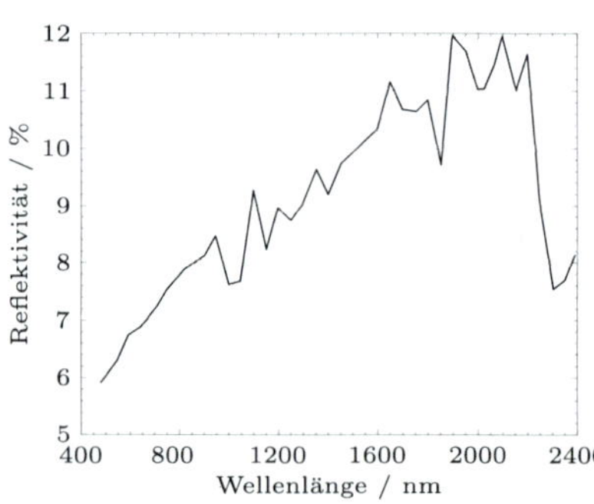

Abbildung 6.4: Die Reflektivität der Asphaltschicht in der Nebelkammer von CEREMA. Aufgrund der geringen Auflösung wurde das Diagramm auf Basis der Daten aus der Quelle neu erstellt [32].

Bei Testaufnahmen mit dem IR-Kamera-Sensor ohne aktivierte Strahlungsquellen ist die Durchlässigkeit des Dachs im Tag/Nacht-Bereich der Nebelkammer aufgefallen. Deren Dach besteht aus einer transparenten sowie einer darüberliegenden intransparenten schwarzen Abdeckung über einem Metallgestell. Die beiden Abdeckungen sind offensichtlich nur für Sensoren im sichtbaren Wellenlängenbereich undurchsichtig und scheinen von der Infrarotstrahlung der Sonne durchdrungen zu werden. Je nach Veränderung der Außenbedingungen könnten dort Veränderungen in den Messdaten auftreten. Daher wurde der Bereich zwischen Hauptmesskammer und Tag/Nacht-Bereich mithilfe einer Folie und einem matten Stoff abgetrennt. Der Stoff sorgt für eine möglichst matte Oberfläche. Der angestrebte Nutzen wurde mithilfe mehrerer Messungen mit den Sensorsystemen bestätigt. Für die Untersuchungen wurde aus diesem Grund die Hauptmesskammer mit 15,0 m Länge und 3,1 m Breite genutzt. Eine Übersicht aller Abmaße ist im Anhang der Arbeit zu finden. Die Länge von 15,0 m ist für die Untersuchung ausreichend, da die Erfassungsbereiche die das Unterkapitel 6.3 beschreibt und im Rahmen der Untersuchungen ausgewertet werden, nah zum Scheinwerfer liegen. Das hat zum einen den Hintergrund, dass die für die Kameras erfassbare gestreute Strahlung bei niedrigen Sichtweiten nicht weit vom Modul entfernt liegt und zum anderen, dass die Auswertung von Bereichen, die sich weit entfernt vom Scheinwerfermodul befinden, ein großes Risiko für Störeinflüsse durch andere Objekte (Autos, Reflektoren, Lichtquellen) bergen.

Abbildung 6.5 zeigt die Ausrichtungen der Sensoren während der Messungen in der Nebelkammer. Diese wurden während der Messungen im vorderen Bereich mittig der Hauptmesskammer positioniert und befinden sich somit um ungefähr 1,5 m seitlich versetzt zum Bereich, in dem das Transmissometer die Sichtweite ermittelt. Im Falle des Kamera-Scheinwerfer-Sensors wurden die Kameras in einer Dimension mittig zur Lichtaustrittsrichtung positioniert, um die gewählten Linienmuster

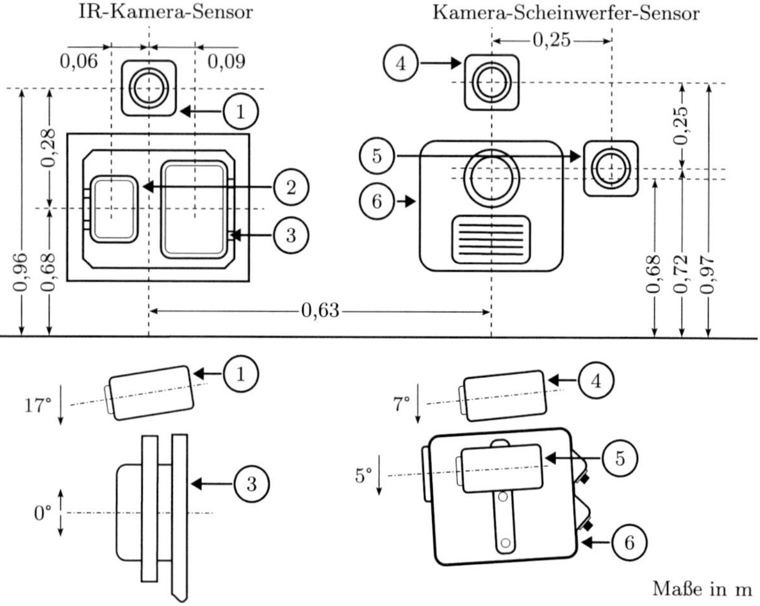

Abbildung 6.5: Ausrichtung der Komponenten des IR-Kamera- sowie des Kamera-Scheinwerfer-Sensors. Der IR-Kamera-Sensor besteht aus der IR-Kamera (1) zusammen mit den 1075 nm (2) und 1550 nm (3) Strahlungsquellen. Der Kamera-Scheinwerfer-Sensor besteht aus der oberen Kamera 1 (4) und der seitlichen Kamera 2 (5) zusammen mit dem Scheinwerfermodul (6).

mit möglichst wenig Überlagerungen untereinander zu erfassen. Die genaue Erläuterung bezogen auf die Datenverarbeitung erfolgt im weiteren Verlauf der Arbeit über die Abbildung 6.40.

Das Scheinwerfermodul (6) des Kamera-Scheinwerfer-Sensors ist nach unten gerichtet, sodass die Projektion 4,47 m entfernt von der vorderen Kante des Scheinwerfers (6) auf dem Untergrund aufsetzt. Der horizontale Öffnungswinkel beträgt am Aufsetzpunkt 1,20 m. Die obere Kamera 1 (4) ist um 90° zur Seite gedreht, da der aus der Kameraperspektive horizontale Öffnungswinkel im Vergleich zum vertikalen größer ist. Die

Kamera (4) selbst ist um 7° zum Untergrund geneigt, um möglichst den kompletten Bereich des Lichtkegels des Scheinwerfers (6) zu erfassen. Die seitliche Kamera 2 (5) ist ebenfalls wie der Scheinwerfer (6) um 5° nach unten geneigt, damit deren optische Achse parallel zur optischen Achse des Scheinwerfers (6) ausgerichtet ist. Sie stellt eine Kamera dar, die für die Sicht weit vor einem Fahrzeug konfiguriert ist. Die IR-Kamera (1) des IR-Kamera-Sensors ist um 17° nach unten geneigt, um ebenfalls möglichst viel vom Strahlungskegel der Infrarot-Strahlungsquellen mit den Wellenlängen 1075 (2) und 1550 nm (3) zu erfassen. Da die IR-Strahlungsquellen im Randbereich der Strahlungskegel keinen scharfen Übergang zwischen Strahlungskegel und Umgebung besitzen, wurde der Aufsetzpunkt bei den Untersuchungen, anders als beim Scheinwerfer, nicht berücksichtigt. Aus diesem Grund wurden beide horizontal zum Untergrund ausgerichtet. So ist sichergestellt, dass der Strahlungskegel nicht frühzeitig auf dem Boden aufsetzt. Durch die Ausrichtung beider Systeme gibt es sowohl einen Luft-, als auch einen Luft-Boden-Bereich, deren Definitionen im folgenden Unterkapitel erläutert werden.

6.2 VERSUCHSDURCHFÜHRUNG

Für die Untersuchungen wurden für den Kamera-Scheinwerfer-Sensor unterschiedliche Projektionsmuster gewählt, die in den Tabellen 6.1 und 6.2 aufgeführt sind. Das wird gemacht, da für die verschiedenen Untersuchungen unterschiedliche Voraussetzungen erfüllt sein müssen. So soll bei den Forschungsthemen *Intensitäten und spektrales Verhalten* sowie *Nebelstrukturen* durch die Projektion möglichst keine Struktur in den Nebel gebracht werden. Das Thema *Eingebrachte Projektionsstuktur* hingehen untersucht gezielt die für diese Messgröße optimalen Linieneigenschaften sowie die Effekte unterschiedlicher Projektionen, weshalb auf eine

Vielzahl an Projektionsmustern gesetzt wird. Die Muster werden in die folgenden Bereiche unterteilt und für die jeweiligen Forschungsthemen genutzt:

- Vollflächige Projektion (6.4 Intensität und spektrales Verhalten; 6.5 Nebelstruktur; 6.6 Eingebrachte Projektionsstruktur)
- Linienbreite (6.6 Eingebrachte Projektionsstruktur)
- Linienabstand (6.6 Eingebrachte Projektionsstruktur)
- Linienanzahl (6.6 Eingebrachte Projektionsstruktur)

Bei der *vollflächigen Projektion* sind im Falle des Kamera-Scheinwerfer-Sensors die Öffnungswinkel des projizierten Bereichs 15,0° horizontal und 10,0° vertikal. Der Scheinwerfer sendet dabei den maximalen Lichtstrom aus. Der IR-Kamera-Sensor ist nicht in der Lage, Strukturen zu projizieren, besitzt also eine feste Strahlungsverteilung von etwa 10,0° horizontal und 10,0° vertikal.

Bei projizierten *Linienbreiten* variieren die Breiten der Projektionsmuster von 0,08° bis 2,50°. Die Linien werden dabei sowohl horizontal als auch vertikal projiziert. Abbildung 6.6 zeigt eine vertikale (a) sowie horizontale Linie (d) mit einer Breite von 1,25°. Durch die Konfiguration der Optikkomponenten des Scheinwerfers variiert die Auflösung über die Projektionsfläche um wenige zehntel Grad.

Die Projektionsmuster zur Untersuchung variierender *Linienabstände* bestehen aus 1,25° breiten Linien mit einem Abstand von 0,08° bis 6,86° zwischeneinander. Auch hier werden die Linien sowohl vertikal als auch horizontal projiziert. Abbildung 6.6 zeigt die vertikalen (b) und horizontalen Linien (e) mit einem Abstand von 1,25° sowie einer Linienbreite von jeweils 1,25°.

Beim Projektionsmuster der *Linienanzahl* werden jeweils 1,25° breite Linien mit einem Abstand von 1,25° projiziert. In vertikaler Richtung

Projektion	Breite	Abstand	Anzahl	Richtung
Vollflächig	10,00°/15,00°	-	-	vertikal / horizontal
Linienbreite	0,08°	-	1	vertikal & horizontal
	0,16°	-	1	vertikal & horizontal
	0,31°	-	1	vertikal & horizontal
	0,47°	-	1	vertikal & horizontal
	0,62°	-	1	vertikal & horizontal
	0,78°	-	1	vertikal & horizontal
	0,94°	-	1	vertikal & horizontal
	1,10°	-	1	vertikal & horizontal
	1,25°	-	1	vertikal & horizontal
	1,40°	-	1	vertikal & horizontal
	1,56°	-	1	vertikal & horizontal
	1,72°	-	1	vertikal & horizontal
	1,87°	-	1	vertikal & horizontal
	2,03°	-	1	vertikal & horizontal
	2,18°	-	1	vertikal & horizontal
	2,34°	-	1	vertikal & horizontal
	2,50°	-	1	vertikal & horizontal

Tabelle 6.1: Eigenschaften der Projektionsmuster des Scheinwerfermoduls für die Unterkapitel 6.4/6.5 (Vollflächig) und 6.6 (Linienbreite)

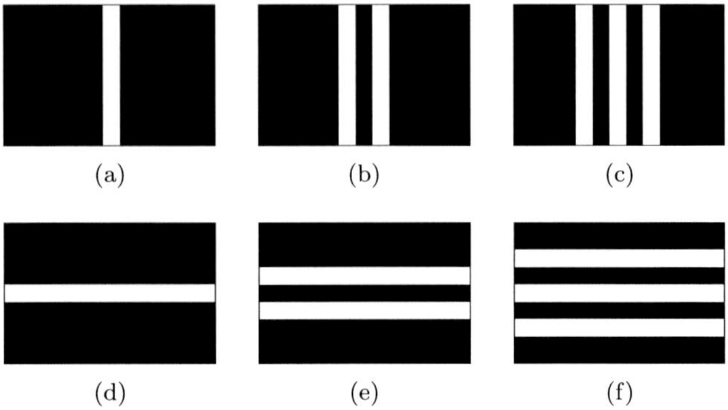

Abbildung 6.6: Einige Projektionsmuster des Scheinwerfermoduls mit jeweils 1,25° Linienbreite und 1,25° Linienabstand: (a) eine vertikale Linie; (b) zwei vertikale Linien; (c) drei vertikale Linien; (d) eine horizontale Linie; (e) zwei horizontale Linien; (f) drei horizontale Linien. Die weißen Bereiche stellen die projizierten Linien dar.

sind es aufgrund des größeren Ausleuchtbereichs von 15,0° maximal fünf statt drei Linien. Die Abbildung 6.6 zeigt drei vertikale (c) sowie horizontale Linien (f) mit einer Breite und einem Abstand von 1,25°.

Die RGB-Kameras wurde bei den Aufnahmen mit einer Belichtungszeit von 4,0 ms und einer Verstärkung von 9,5 dB betrieben. Grund dafür ist, möglichst wenig Bewegung im Nebel aufzuzeichnen. Zudem wurde versucht, den Pixelwertebereich maximal auszuschöpfen. Die Verstärkung wurde daher so gewählt, dass die aufgenommenen Intensitätswerte am oberen Ende des Wertebereichs liegen (hier: 12 Bit; maximaler Pixelwert: 4095), ohne dabei die Pixel zu übersättigen. Die Kameraaufnahmen wurden mit 12 Bit Farbtiefe aufgezeichnet, um kleinste Intensitätsveränderungen erfassen zu können.

Die IR-Kamera wurde für die 1550 nm Strahlungsquelle mit einer Belichtungszeit von 2,3 ms und für die Strahlungsquelle mit 1075 nm mit 1,0 ms angesteuert (vgl. Kapitel 5). Es wurde keine zusätzliche Verstärkung eingestellt und die Bilddaten in 14 Bit Farbtiefe aufgezeichnet.

Projektion	Breite	Abstand	Anzahl	Richtung
Linienabstand	1,25°	0,08°	2	vertikal & horizontal
	1,25°	0,16°	2	vertikal & horizontal
	1,25°	0,31°	2	vertikal & horizontal
	1,25°	0,62°	2	vertikal & horizontal
	1,25°	1,25°	2	vertikal & horizontal
	1,25°	1,87°	2	vertikal & horizontal
	1,25°	2,50°	2	vertikal & horizontal
	1,25°	3,12°	2	vertikal & horizontal
	1,25°	3,74°	2	vertikal & horizontal
	1,25°	4,37°	2	vertikal & horizontal
	1,25°	4,99°	2	vertikal & horizontal
	1,25°	5,62°	2	vertikal & horizontal
	1,25°	6,24°	2	vertikal & horizontal
	1,25°	6,86°	2	vertikal & horizontal
	1,25°	7,49°	2	vertikal
	1,25°	6,86°	2	vertikal
	1,25°	8,74°	2	vertikal
Linienanzahl	1,25°	-	1	vertikal & horizontal
	1,25°	1,25°	2	vertikal & horizontal
	1,25°	1,25°	3	vertikal & horizontal
	1,25°	1,25°	5	vertikal

Tabelle 6.2: Eigenschaften der Projektionsmuster des Scheinwerfermoduls für das Unterkapitel 6.6 (Linienabstand; Linienanzahl).

Die Frequenz, mit der die Projektionen aufgezeichnet werden, beträgt 4 Hz. Das bedeutet, dass pro Sekunde vier unterschiedliche Projektionen projiziert und aufgezeichnet werden. Um bei den Messungen gleichbleibende Bedingungen zu garantieren, werden alle Projektionen bei den Messdurchläufen nacheinander dargestellt. Zusätzlich werden zwischen den Projektionen spezielle Muster genutzt, damit im Falle eines Fehlers während der Bildaufnahme, welcher zu fehlenden Bilddaten führen kann, bei der Auswertung erneut eine Zuordnung der Projektionsmuster vorgenommen werden kann. Daher werden pro Messung 172 unterschiedliche Projektionsmuster dargestellt, was zur Folge hat, dass die Abtastrate mit jedem Projektionsmuster bei 43 Sekunden beziehungsweise $\frac{1}{43}$ Hz liegt. Die Projektionsmuster einer gleichen Projektionseigenschaft werden hintereinander in einem zeitlichen Abstand von 0,5 Sekunden aufgenommen, damit es zwischen den Projektionen (zum Beispiel: Linienbreite) zu möglichst minimalen Veränderungen des Nebels kommt. Die Frequenz der Aufnahme wird gewählt, damit das System die Datenmengen verarbeiten kann und weil die Sichtweite nur langsam zunimmt. Zudem wurde das LED-Array während der Messungen nicht gedimmt, damit es zu keiner Verschiebung der Farbtemperatur kommt, und vor den Messungen für zehn Minuten auf dem maximalen Lichtstrom betrieben, damit es zu einer thermischen Stabilisierung kommt.

Abbildung 6.7 stellt den Sichtweitenverlauf der Messung über der Zeit dar, die hauptsächlich für die nachfolgenden Unterkapitel genutzt wurde. Lediglich bei den im Folgenden beschriebenen Veränderungen des Untergrundes wurden jeweils zusätzliche Messungen mit dem hier beschriebenen Messablauf durchgeführt, weil die Szene umgebaut werden musste.

Bei jeder Messung wurde die Nebelkammer zu Beginn auf 5 m Sichtweite eingeregelt und der Nebel über die Messperiode bis auf 2000 m aufgelöst. Dadurch wurden Schwankungen der Sichtweite über die Mes-

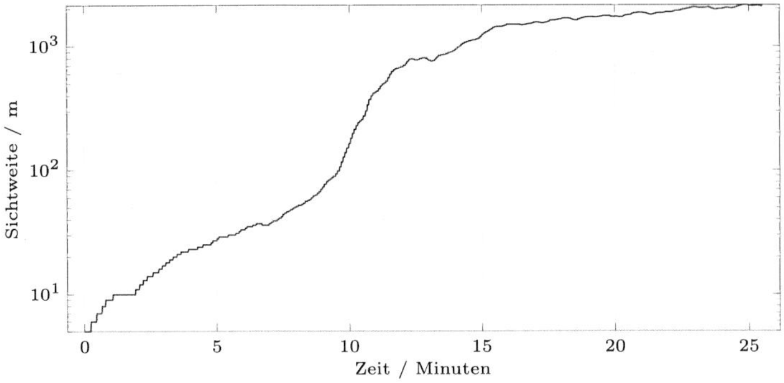

Abbildung 6.7: Die Sichtweite über die Zeit bei einer Messung in der Nebelkammer von 5 bis 2000 m.

sung auf ein Minimum reduziert. Durch den Versatz zwischen dem Messbereich des Kamera-Scheinwerfer- sowie IR-Kamera-Sensors und dem Sichtweitenmessgerät ist zusätzlich nur ein minimaler Unterschied in der Sichtweite zwischen den beiden Bereichen zu erwarten. Der Fokus bei den Untersuchungen liegt auf den Bereichen von 0 bis 1000 m Sichtweite.

Die Temperatur der oberen Kamera 1 bewegte sich während der Messungen zwischen 49 und 50 °C, die der seitlichen Kamera 2 zwischen 50 und 51 °C (Auflösung 1 °C). Die Temperatur in der Nebelkammer stieg während der Messung in Abbildung 6.7 stetig von 16,1 auf 16,4 °C an (Auflösung 0,1 °C). Sie bewegte sich bei den Messungen der Untergründe in einem ähnlichen Wertebereich. Es wird somit nicht von einem Einfluss der Umgebungsparameter auf die Messergebnisse ausgegangen.

Während der Messungen wurde die Position der beiden Prototypen nicht verändert und darauf geachtet, dass es zu keiner Benetzung der Abschlussscheiben der Kameras oder Strahlungsquellen kam. Ebenso war die Beleuchtung in dem eingenebelten Bereich während der Messun-

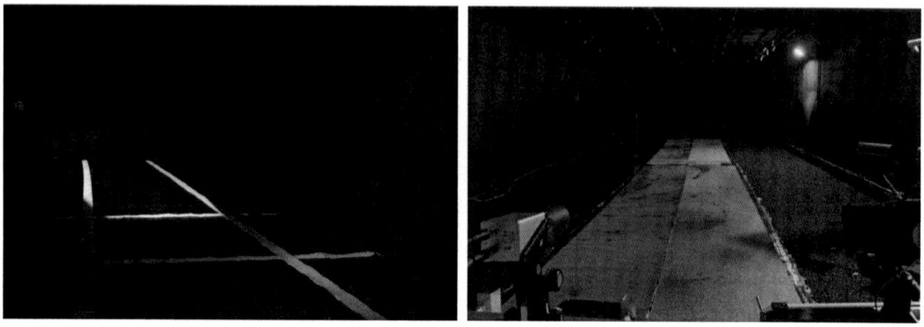

(a) (b)

Abbildung 6.8: Fotos von den (a) Fahrbahnmarkierungen und den (b) hellgrauen Teermatten in der Nebelkammer.

gen ausgeschaltet und jegliche Störquellen aus dem Projektionsbereich beseitigt.

Um den Einfluss des Untergrundes auf die Messdaten zu untersuchen, wurde dieser in der Nebelkammer neben der Variation der Feuchtigkeit abgeändert. Das passierte über die (a) Fahrbahnmarkierungen in der Abbildung 6.8 und dem (b) hellgrauen Untergrund, der aus dem Material ELASTOPHENE FLAM 25 AR [138] mit einer dem Asphalt ähnlichen Struktur besteht. Deren genaue Positionierung zeigt die Abbildung 6.9.

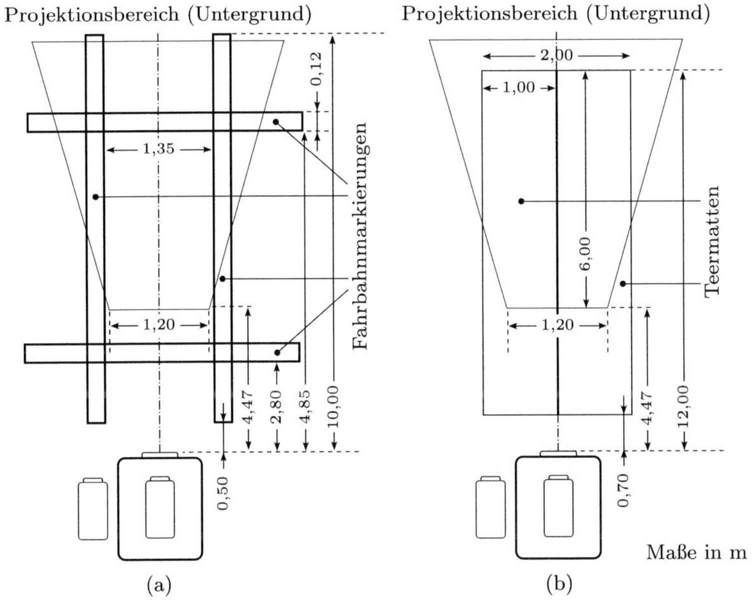

Abbildung 6.9: Die in der Arbeit genutzten Veränderungen des Untergrundes über (a) Fahrbahnmarkierungen und (b) hellgraue Teermatten.

6.3 SEGMENTIERUNG DER MESSBEREICHE IN DEN MESSDATEN

Da sich die Bereiche, welche die Kamera erfasst, voneinander unterscheiden, findet im Folgenden eine Segmentierung der Kameraaufnahmen statt. Der Visualisierung der Kameraperspektiven des Kamera-Scheinwerfer-Sensors in Bezug zur Projektion (hier: Linienabstand) dient die Abbildung 6.10. Im oberen Bereich ist die vertikale Linienprojektion aus dem DLP-Modul sowie der Bereich, den die obere Kamera 1 erfasst, dargestellt. Der untere Bereich zeigt den Erfassungsbereich der seitlich angebrachten Kamera 2 und die horizontale Projektion. Hier ist zum einen der größere Zoom der seitlichen Kamera 2 und die damit verbunden höhere Winkelauflösung zu sehen. Zum anderen sind die unterschiedlichen Perspektiven der beiden Kameras ersichtlich. Sieht die obere Kamera 1 noch einen größeren Bereich des Luft-Bereiches (siehe Abbildung 6.11), so sieht Kamera 2 vergleichsweise wenig von diesem Bereich, ist perspektivisch allerdings näher an der Reflexion.

Für die Segmentierung wird der Einfluss durch den Untergrund berücksichtigt, weshalb eine Unterteilung in den sogenannten *Luft-* und *Luft-Boden-Bereich* vorgenommen wird.

Abbildung 6.11 zeigt die Einteilung für die obere Kamera 1 des Kamera-Scheinwerfer-Sensors. Die Bezeichnungen kommen durch die Streubereiche der Scheinwerferprojektion aus Perspektive der Kameras. In ersterem trifft die direkte Strahlung des Scheinwerfermoduls nicht auf den Boden auf. Kommt es im Nebel zur Streuung, wird hier neben Rückreflexionen der Streuung im Nebel durch den Untergrund nur die Streuung in der Luft erfasst. Der Luft-Boden-Bereich hingegen zeigt den Bereich, in dem die Strahlung aus dem Scheinwerfermodul auf den Boden auftrifft. Bei der Betrachtung bei Nebel wird hier die Streuung in der Luft mit der durch der am Boden reflektieren Strahlung überlagert.

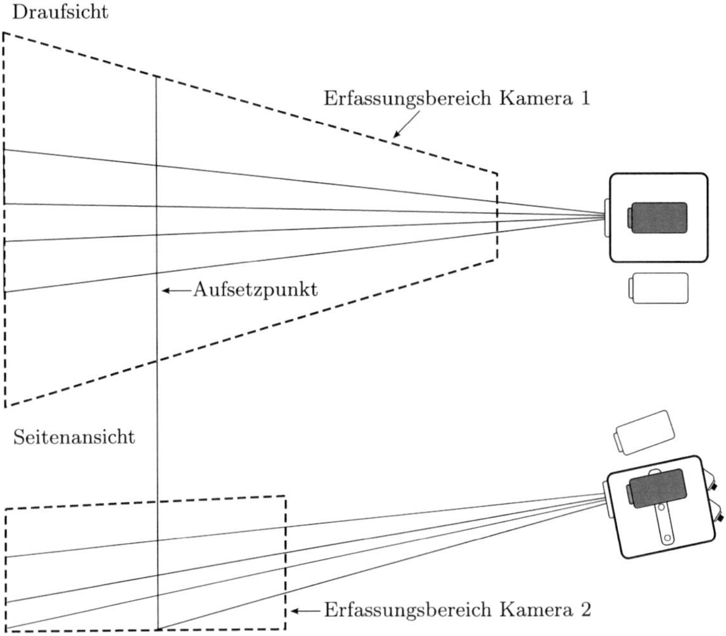

Abbildung 6.10: Kameraperspektiven der oberen und seitlichen Kameras sowie deren Erfassungsbereiche.

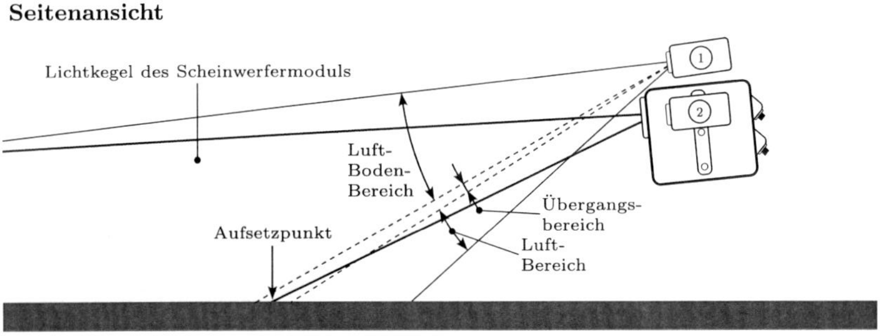

Abbildung 6.11: Unterteilung der Untersuchungsbereiche in den Luft-Bereich, in dem aus Sicht der Kamera keine direkte Strahlung des Scheinwerfermoduls auf den Untergrund auftrifft, sowie den Luft-Boden-Bereich in dem die direkte Strahlung aus dem Scheinwerfer auf den Boden auftrifft.

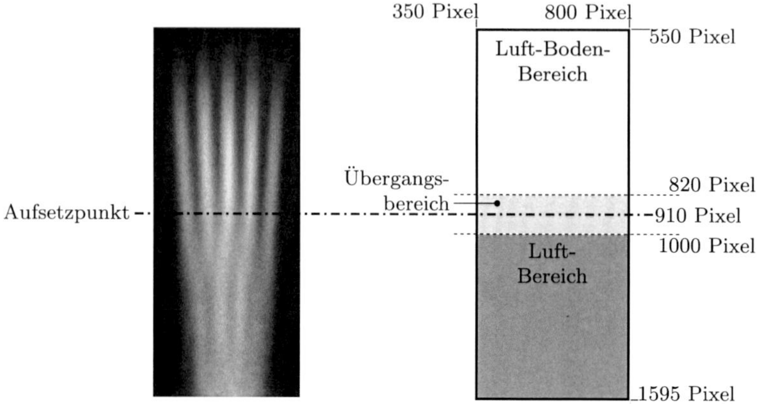

Abbildung 6.12: Einteilung der von der oberen Kamera 1 erfassten Bereiche für das Unterkapitel 6.6 Eingebrachte Projektionsstruktur.

Die Einteilung der Projektionsbereiche aus den beiden Kameraperspektiven ist in Abbildungen 6.12 für die obere Kamera 1 und in Abbildung 6.13 für die seitlich angebrachte Kamera 2 zu sehen. Hinzu kommt hier noch der Übergangsbereich, in dem es zur Überlagerung der vom Boden reflektierten Strahlung kommt, weshalb der Luft-Bereich bei der Auswertung verkleinert wird. Die Pixelwerte beziehen sich hier immer auf das Ursprungsbild der Kameras.

In den Unterkapiteln *6.4 Intensität und spektrales Verhalte*n und *6.5 Nebelstruktur* geht es expliziert nicht um Ränder der Projektionsmuster. Daher werden die Bereich für die beiden Untersuchungen entsprechend verkleinert. Die Abbildungen 6.14 und 6.15 zeigen die jeweilige Segmentierung.

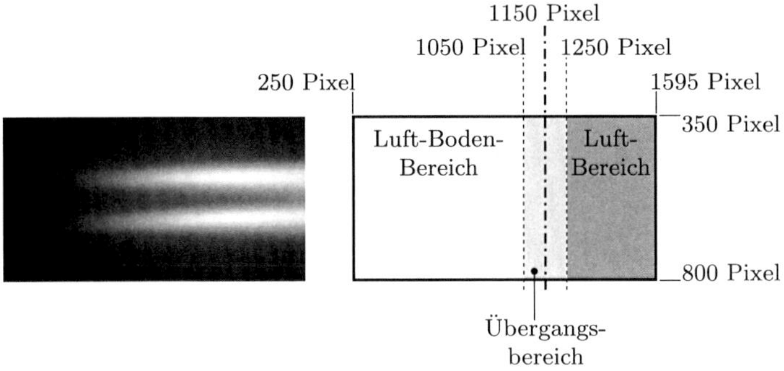

Abbildung 6.13: Einteilung der von der seitlichen Kamera 2 erfassten Bereiche für das Unterkapitel 6.6 Eingebrachte Projektionsstruktur.

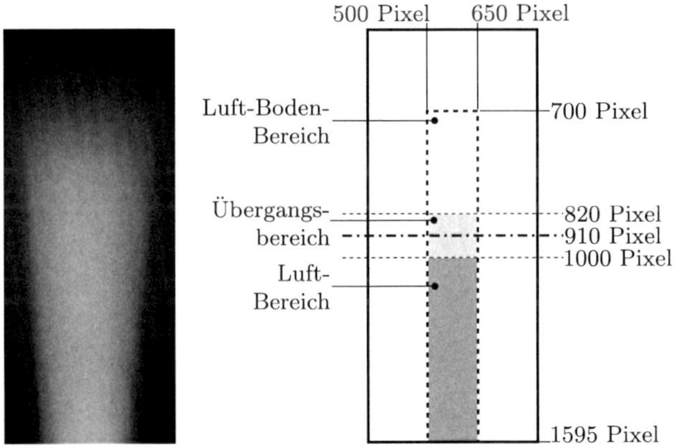

Abbildung 6.14: Einteilung der von der Kamera 1 erfassten Bereiche mit der Auswahl des Projektionsbereiches für die Unterkapitel 6.4 Intensität und spektrales Verhalten und 6.5 Nebelstruktur.

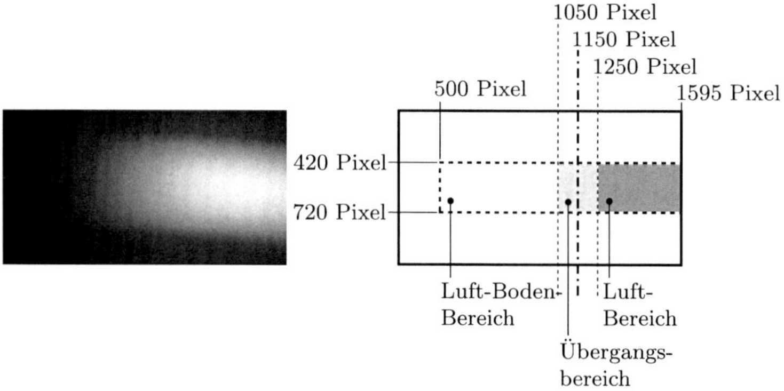

Abbildung 6.15: Einteilung der von der Kamera 2 erfassten Bereiche mit der Auswahl des Projektionsbereiches für die Unterkapitel 6.4 Intensität und spektrales Verhalten und 6.5 Nebelstruktur.

6.4 INTENSITÄTEN UND SPEKTRALES VERHALTEN

Wie in Kapitel 3 beschrieben besitzt die Streuung in Aerosolen eine Abhängigkeit der Intensität der Streuung bezogen auf die Sichtweite bei Nebel. Ebenso liegt die bereits erwähnte Wellenlängenabhängigkeit der Streuung vor. Ist das in Kapitel 5 beschriebene Messsystem hinreichend kalibriert, sollten sich diese Wellenlängenabhängigkeiten nach der Mie-Theorie und der Intensitätsverlauf nach dem Bouguer-Lambert-Gesetz bei Änderung der Sichtweite in den Messdaten zeigen. Daher geht es in diesem Unterkapitel um die Intensitäten der Rückstreuung sowie, bezogen auf den Kamera-Scheinwerfer-Sensor, die Verhältnisse zwischen den drei Farbkanälen Rot, Grün und Blau. Dabei muss untersucht werden, ob die Unterschiede der Wellenlängenselektivität hinreichend groß sind, um das beschriebene Phänomen messtechnisch erfassen zu können. Beim IR-Kamera-Sensor werden die beiden IR-Strahlungsquellen mit ihren spektralen Strahlungsverteilungen miteinander verglichen, da die IR-Kamera im Unterschied zur RGB-Kamera keine wellenlängenselektiven Filter besitzt. Hier muss sich zeigen, wie sich die spektrale Verteilung auf die Messdaten auswirkt und ob der Abstand der Wellenlängen beider Strahlungsquellen ausreicht, um eine Veränderung der Streuung zu detektieren. Zusätzlich dazu wird untersucht, wie sich der Untergrund auf die Streuung und deren Erfassung auswirkt. Auf einen Vergleich vom Blaukanal der RGB-Kamera und der 1550 nm Strahlungsquelle, als größter Abstand der Wellenlängen, wird verzichtet, da die beiden genutzten Systeme in Eigenschaften wie zum Beispiel der Lichtaustrittsfläche oder dem Dynamikumfang der Kameras zu große Unterschiede aufweisen.

Als Projektion wurde im Falle des Scheinwerfers eine vollflächige Projektion mit Ausleuchtwinkeln von 15° horizontal und 10° vertikal verwendet (vgl. Unterkapitel 6.2). Somit kann bei der Auswertung der Intensitäten entsprechend dem Unterkapitel 6.3 der mittlere Bereich der

Projektion genutzt werden, wodurch die Einflüsse der Farbsäume an den Rändern der Projektion sowie der seitlichen Ausbreitung der Projektion durch die Streuung am Nebel vermieden werden. Der asymmetrische Ausleuchtbereich ermöglicht eine Untersuchung des Einflusses durch unterschiedlich tiefe Streuvolumina je Kameraperspektive. Dadurch entfällt hier die Anforderung einer erhöhten Winkelauflösung, sodass sich die Untersuchungsgröße auch für Scheinwerfersysteme mit einer festen Abblendlichtverteilung eignen. Im Falle des IR-Kamera-Sensors wurden beide Strahlungsquellen mit deren festen Strahlungsverteilungen genutzt.

Betrachtet man nun die Mie-Streuung in Bezug auf die Sensorsysteme, sollten der kurzwellige Anteil des Scheinwerferlichtes sowie die 1075 nm Strahlungsquelle im Vergleich zur 1550 nm Strahlungsquelle minimal stärker gestreut werden, allerdings muss die gestreute Strahlung je nach Entfernung einen unterschiedlich weiten Weg in Richtung Kamera zurücklegen. In Abbildung 6.16 ist das über die unterschiedlichen Strecken der Streuung im Lichtkegel des DLP-Moduls angedeutet. Zugleich werden nach der Theorie die kurzwelligen Wellenlängenanteile der Strahlung im Nebel stärker zu den Seiten der Einfallsrichtung gestreut, wie im Unterkapitel 2.1.4 beschrieben. Das kann zur Folge haben, dass die kurzwellige Strahlung der Strahlungsquelle zwar stärker gestreut wird, durch die Mehrfachstreuung in Richtung Kamera aber ebenso eine im Vergleich zur langwelligen Strahlung stärkere Dämpfung erfährt. Zugleich wird die Strahlung am Untergrund reflektiert. Der Einfluss der Untergrundreflexion in den unterschiedlichen Projektionsbereichen wird im Folgenden jeweils aufgezeigt. Die Dokumentation der Nebelkammer in CEREMA zeigt eine Wellenlängenselektivität der Asphaltschicht, deren Einfluss es auf die Streuung in der Luft zu untersuchen gilt.

Im Falle des Kamera-Scheinwerfer-Sensors sind die Inhomogenitäten zu beachten, die durch die genutzte DLP-Technologie im Zusammenspiel

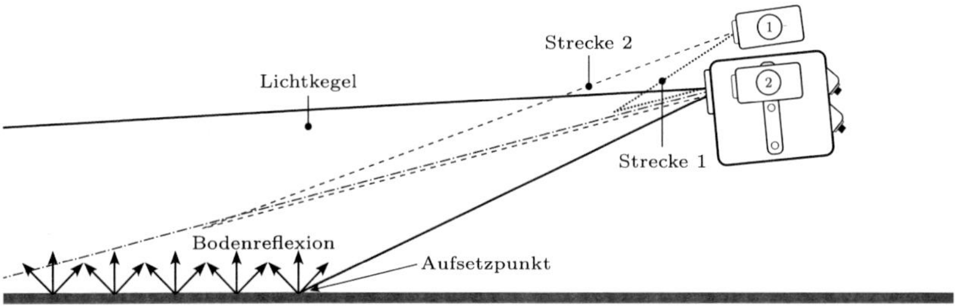

Abbildung 6.16: Zwei Beispiele für Strecken welche die vom Scheinwerfermodul ausgesandte Strahlung sowie die Streuung am Aerosol in Richtung der Kamera zurücklegen muss, bis sie auf den Sensor der Kamera trifft. Im Bereich, in dem die Strahlung des Scheinwerfermoduls auf dem Boden auftrifft, kommt es zur Bodenreflexion.

mit der eingesetzten Primäroptik, die dem lichtgebenden LED-Array nachgeschaltet ist, auftreten können - siehe dazu Unterkapitel 5.2. Durch die Betrachtung größerer Streubereiche im Kamerabild wird der Einfluss der inhomogenen Lichtverteilung gemindert. Da dieser Effekt ebenso bei der Verwendung einer klassischen Abblendlichtverteilung oder anderen adaptiven Lichtverteilungen auftreten würde, bewirkt diese systembedingte Inhomogenität keine Abweichung vom Untersuchungsziel.

Für die nun folgenden Untersuchungen werden die verkleinerten Bildsegmente des Luft- und Luft-Boden-Bereichs sowie des gesamten Bereichs (Luft-, Luft-Boden, Übergangsbereich) aus den Abbildungen 6.15 und 6.14 genutzt, da es um die Wellenlängenabhängigkeit der Streuung und nicht der Projektionsränder geht. Zudem werden die Farbkanäle der RGB-Kamera entsprechend der im Unterkapitel 6.2 beschriebenen Weißabgleiche korrigiert. So lassen sich spektrale Abweichungen des aufgenommenen Spektrums erfassen. Der IR-Kamera-Sensor wurde über die im selben Unterkapitel beschriebenen Kalibrierung, durch unterschiedliche Belichtungszeiten der Kamera eingestellt.

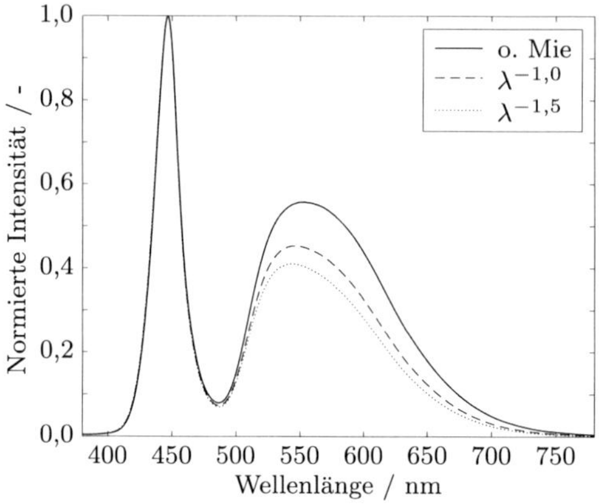

Abbildung 6.17: Das LED-Spektrum des hier genutzten Scheinwerfers auf das die Proportionalität der Mie-Theorie von $\lambda^{-1,0}$ und $\lambda^{-1,5}$ angewendet wird.

6.4.1 ALLGEMEINE INTENSITÄTEN UND SPEKTRALE INTENSITÄTSUNTERSCHIEDE

Für die theoretische Betrachtung wird nachfolgend die Veränderung über den in den Grundlagen zur Streuung genannten Extinktionskoeffizienten σ_e auf das eingemessene LED-Spektrum betrachtet. Wie bereits im Unterkapitel 2.2.2 erwähnt, ist bei Nebel die Absorption im Vergleich zur Streuung vernachlässigbar klein [39] [41], was die Nutzung des selbigen legitimiert. Der Extinktionskoeffizient besitzt entsprechend der Mie-Theorie eine Proportionalität zur Wellenlänge von $\lambda^{-1,0}$ bis $\lambda^{-1,5}$ [39] [47]. Diese wird auf das im Unterkapitel 5.2 eingemessene LED-Spektrum angewendet, was die Abbildung 6.17 zeigt. Die Spektren werden jeweils auf deren Maximum normiert. Zu erkennen ist, dass die langwellige Strahlung im Vergleich zur kurzwelligen weniger stark gestreut wird, deren Intensität hier entsprechend abfällt. Damit sich die Untersuchung nicht doppelt, konzentriert sich die folgende Betrachtung auf das Spektrum des Kamera-Scheinwerfer-Sensors.

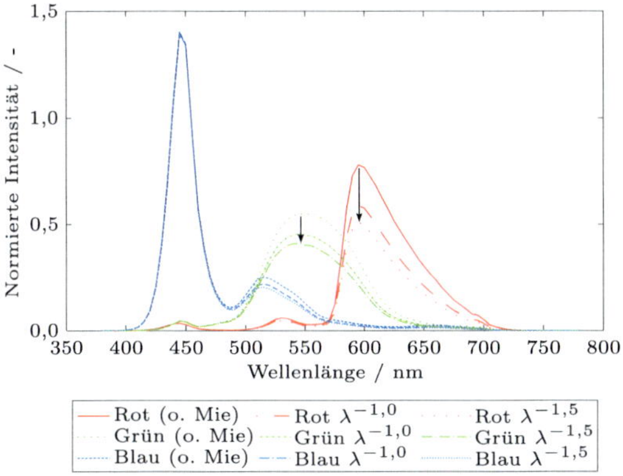

Abbildung 6.18: Die mit dem normierten LED-Spektrum des Scheinwerfermoduls gewichteten Farbkanäle der oberen Kamera 1. Dargestellt sind die Werte für das unbeeinflusste Spektrum und die inklusive der in der Mie-Theorie beschriebenen Proportionalitäten von $\lambda^{-1,0}$ und $\lambda^{-1,5}$.

Um nun die Veränderung dieses Zusammenhangs auf die Farbkanäle der Kamera zu betrachten, werden die spektralen Verteilungen beider Kameras mit den hier gezeigten LED-Spektren gewichtet. Auf die Kameras werden zudem die im Unterkapitel 5.2 ermittelten Werte des Weißabgleiches auf die jeweiligen Farbkanäle angewendet. Da die Unterschiede der Empfindlichkeiten minimal sind, wir hier nur das Ergebnis für die obere Kamera 1 gezeigt, im Anhang in Abbildung A2 ist aber ebenso der Verlauf für die Kamera 2 zu finden.

Die Tabelle 6.3 zeigt die integrierten Intensitätsverläufe der einzelnen Farbkanäle der beiden Kameras über die Wellenlänge. Die Werte werden jeweils auf den Blaukanal normiert, da die absoluten Zahlenwerte keine direkte Aussagekraft besitzen. Bei den Ausgangswerten sind bereits minimale Abweichungen zu erkennen, was mit den Messsystemen zur spektralen Vermessung der Kamera sowie der spektralen Verteilung des Scheinwerfermoduls zusammenhängen kann. Eine Korrektur ist ohne weiteres nicht möglich, da der Fehler über die spektralen Verteilungen

Farbkanal	Kamera 1	Kamera 2
Rot Ausgangswert	94,8 %	95,0 %
Grün Ausgangswert	94,3 %	95,4 %
Blau Ausgangswert	100,0 %	100,0 %
Rot $\lambda^{-1,0}$	73,5 %	73,6 %
Grün $\lambda^{-1,0}$	80,3 %	81,0 %
Blau $\lambda^{-1,0}$	100,0 %	100,0 %
Rot $\lambda^{-1,5}$	64,6 %	64,6 %
Grün $\lambda^{-1,5}$	74,0 %	74,5 %
Blau $\lambda^{-1,5}$	100,0 %	100,0 %

Tabelle 6.3: Ergebnisse der Integration der über die Proportionalität nach der Mie-Theorie gewichteten Farbkanäle der oberer Kamera 1 und seitlichen Kamera 2. Bei den Werten wurde ebenso der Weißabgleich berücksichtigt.

unterschiedlich sein kann.

Für den folgenden Vergleich werden die Werte der jeweiligen Farbkanäle voneinander dividiert. Nach den in der Tabelle gezeigten Werten liegt beispielsweise die Intensität des Blaukanals der Kamera 1 nach Mie mit $\lambda^{-1,0}$ um 26,5 % über der des Rotkanals. Bei der angenommenen Proportionalität mit $\lambda^{-1,5}$ liegt die Intensität des Blaukanals bei rund 35,4 % über der des Rotkanals. Das würde für eine hohe Ausprägung der spektralen Unterschiede durch die Streuung im Nebel sprechen. Was hier jedoch nicht betrachtet wird, ist der komplexe Zusammenhang der Bodenreflexion, der Einfluss durch die Streuung entlang des zuvor gezeigten Weges, den die Strahlung des Scheinwerfers in Richtung der Kamera zurücklegen muss, sowie der Richtungsabhängigkeit der Streuung. Die bezüglich der Mie-Theorie genannte Proportionalität der Wellenlänge kann entsprechend der Literatur [39] stark abweichen. Sie stellt eine starke Vereinfachung der hohen Komplexität dar. Wie im Unterkapitel 2.1 beschrieben, setzen sowohl die Mie- als auch die Rayleigh-Theorie die Einfachstreuung voraus [49] [48] [33], wohingegen

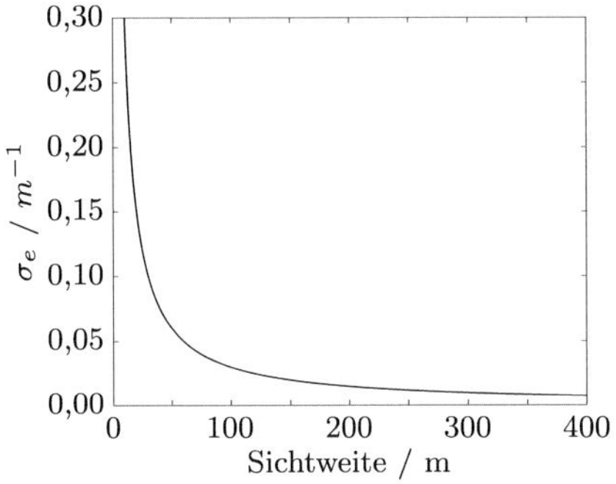

Abbildung 6.19: Verlauf des Extinktionskoeffizienten σ_e über die Sichtweite P.

bei Nebel eine Mehrfachstreuung zu erwarten ist. Alle Einflüsse können die Ausprägung der Wellenlängenselektivität in den Kameradaten stark beeinflussen.

Darüber hinaus herrscht die Gesetzmäßigkeit des Bouguer-Lambert-Gesetzes in Bezug zum Extinktionskoeffizient σ_e. Die Intensität der Streuung wurde über die Formel 2.8 bereits vorgestellt. Diese wird entsprechend dem Unterkapitel 2.2.1 und der dort erläuterten Begründung, dass der Lichtstrom durch den Nebel auf 5 % seines Ursprungswertes gedämpft wird ($T = 0,05$) [41], umgeformt, sodass man die Formel 6.1 erhält:

$$\sigma_e = -\frac{ln(0,05)}{P} \tag{6.1}$$

Abbildung 6.19 zeigt den Verlauf vom σ_e über die Sichtweite P. Ein ähnlicher Verlauf ist für die Intensität der Streuung innerhalb der experimentellen Untersuchung zu erwarten.

Für die experimentelle Untersuchung werden zunächst die Veränderungen der Intensitäten der Streuung und Unterschiede in den drei Farbkanälen aufgrund der Variation der Sichtweite analysiert. Um die

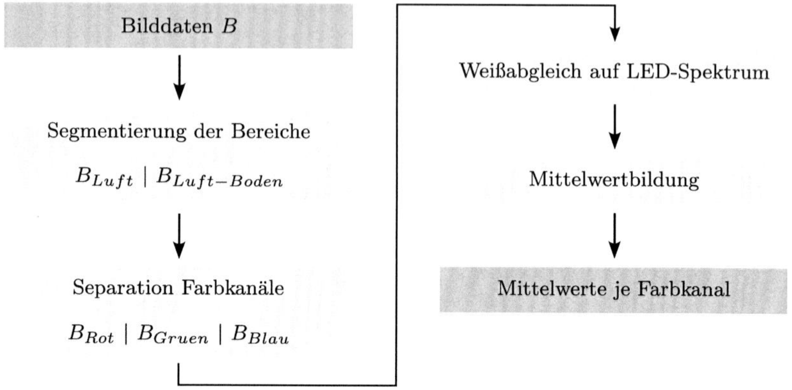

Abbildung 6.20: Bildverarbeitungsschritte für die Untersuchung der Intensitäten und den Vergleich der Farbspektren.

Streuung in der Luft zu untersuchen, werden dazu die Mittelwerte der Pixelwerte der Luft-Bereiche gebildet. Bei der spektralen Betrachtung, werden die Differenzen im Luft-Bereich betrachtet, da hier der Einfluss durch den Untergrund vermeintlich am geringsten ist.

Abbildung 6.20 zeigt die Bildverarbeitungsschritte, die für den spektralen Vergleich des Kamera-Scheinwerfer-Sensors angewendet werden.

Im Falle des IR-Kamera-Sensors entfällt die Separation der Farbkanäle. Die Pixelwerte beider Systeme werden auf 16 Bit normiert, sodass sie einen möglichst großen Wertebereich abdecken. Diese Verstärkung bleibt bei allen Forschungsthemen gleich, um die Vergleichbarkeit zu wahren. Auch wenn dadurch das Rauschen des Sensors mit verstärkt wird, welches durch die Gauß-Filterung ausgeglichen wird, werden so Artefakte durch die in der Arbeit genutzten Filterungen und Bildverarbeitungsverfahren bei zu geringen Pixelwerten minimiert.

Die Mittelwerte der Luft-Bereiche der jeweiligen Farbkanäle sind in Abbildung 6.21 über eine Sichtweite von 0 bis 1000 m dargestellt, was der Definition der maximalen Sichtweite für Nebel nach der MOR entspricht.

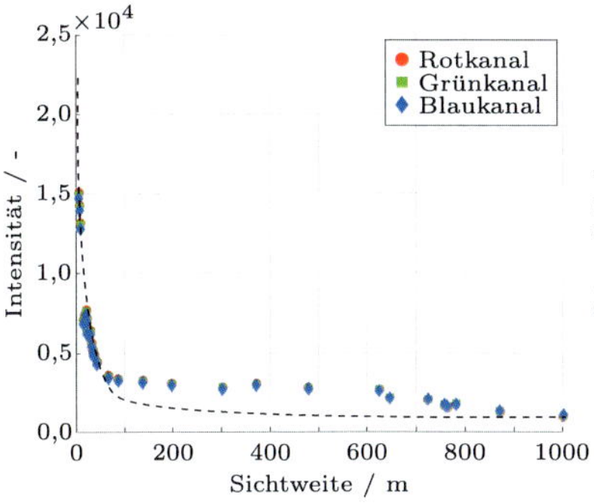

(a)

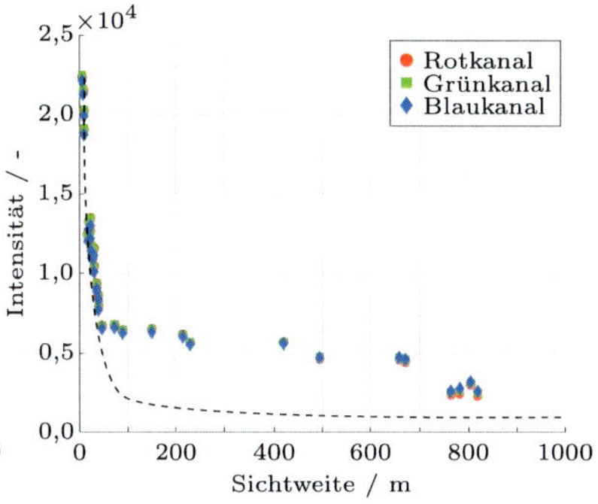

(b)

Abbildung 6.21: Mittelwerte der Intensitäten im Luft-Bereich (a) der oberen Kamera 1 und (b) seitlichen Kamera 2. Die gestrichelte Linien deutet die Gesetzmäßigkeit des Bouguer-Lambert-Gesetzes über den Extinktionskoeffizienten über die Sichtweite aus der Formel 6.1 an.

Den Daten lässt sich entnehmen, dass die Intensitätsverläufe aus beiden Kameraperspektiven dem entsprechen, was über das Bouguer-Lambert-Gesetz bezogen auf die Streuung im Nebel beschrieben wird. Markant ist hier der Verlauf der Intensität der Streuung, ähnlich der Formel 6.1 in Abbildung 6.19. Der Verlauf wird über die gestrichelte Linie in den Diagrammen angedeutet. Da dieser der Gesetzmäßigkeit nahe ist, deutet sich an, dass der Einfluss durch den Untergrund gering zu sein scheint. Im Luft-Bereich der Kamera 2 lässt sich der Einfluss durch den Untergrund erkennen, da sich der Intensitätsverlauf ab Sichtweiten größer 80 m stärker von der besagten Formel unterscheidet. Neben dem Einfluss durch den Untergrund kann sich der begrenzte Dynamikumfang der Kamera sowie eine abweichende Proportionalität zwischen der Beleuchtungsstärke auf dem Kamerasensor und den Pixelwerten der aufgezeichneten Bilddaten auf die Messdaten auswirken. Bei zweitem könnte durch eine Gammakorrektur Besserung erreicht werden. Zudem ist die von der Kamera 2 erfasste Intensität höher, was hauptsächlich am größeren Ausleuchtwinkel der Lichtverteilungen in horizontaler Richtung mit 15° liegen wird. Abbildung 6.22 zeigt daher die hier vollflächige Intensitätsverteilung aus (a) Perspektive der oberen Kamera 1 und (b) der seitlichen Kamera 2. Zusätzlich dazu ist (c) eine horizontale Projektion aus Perspektive der Kamera 1 und eine (d) vertikale Projektion aus Perspektive der Kamera 2 mit jeweils 1,25° Breite dargestellt, sodass beide Kameraperspektiven jeweils die Streuung einer Projektion mit der gleichen Tiefe (Streuvolumina) erfassen. Da in (c) und (d) die Intensitätsverteilungen ähnlich sind, bestätigt sich die zuvor getroffene Annahme, dass die Tiefe des Streuvolumens einer jeden Projektion eine entscheidende Rolle spielt. Die Tiefe bezieht sich hier rein auf das Nebelvolumen, in dem die Streuung des Scheinwerferlichtes auftritt. Aus Sicht der Kamera 1 verläuft die Tiefe des Streuvolumens über die Höhe des Lichtkegels des Scheinwerfers, aus Sicht der seitlichen Kamera 2 über die Breite.

Zusätzlich dazu wird nach der Literatur im Unterkapitel 2.1.5 die Strahlung auf dem Untergrund asymmetrisch in Richtung der Strahlungsquelle reflektiert. Die unterschiedlichen Luft-Bereiche beider Kameraperspektiven wirken sich aufgrund der Entfernung ebenso auf die Intensitäten der Mittelwerte aus. Dieser Effekt wird bei höheren Sichtweiten stärker zum Tragen kommen, könnte zusätzlich in Abbildung 6.22 zusammen mit der höheren Brennweite des Kameraobjektives der Kamera 2 der Grund für die (d) leicht größere Anzahl an höheren Intensitätswerten im Vergleich zu der (c) Kamera 1 sein. Es lassen sich zusätzlich spektrale Unterschiede der Intensitäten der Streuung erkennen. Die Unterschiede bewegen sich im einstelligen Prozentbereich und sind in den Diagrammen in der Abbildung 6.23 dargestellt.

Für den spektralen Vergleich werden die Mittelwerte der Pixelwerte des Blaukanals von denen des Rotkanals subtrahiert. Den Diagrammen lässt sich entnehmen, dass der langwellige rote Anteil stärker vertreten, die Differenz daher positiv ist. Grund dafür könnte die stärkere

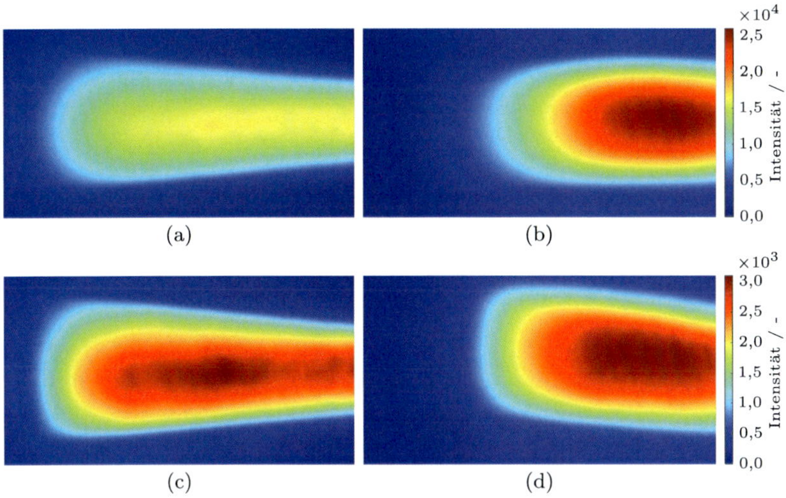

Abbildung 6.22: Intensitätsverteilungen der vollflächigen Projektion aus (a) Sicht der oberen Kamera 1, (b) der seitlichen Kamera 2 sowie eine (c) horizontale Linie mit einer Breite von 1,25° aus Sicht der Kamera 1 und eine (d) vertikale Linie mit einer Breite von 1,25° aus Sicht der Kamera 2. Alle Intensitätsverteilungen zeigen den Grünkanal bei 7 m Sichtweite.

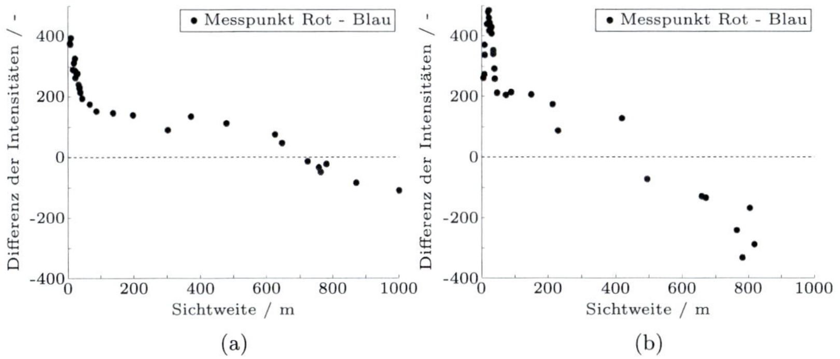

Abbildung 6.23: Differenz der Mittelwerte von Rot- zum Blaukanal der (a) oberen Kamera 1 und (b) seitlichen Kamera 2 im Luft-Bereich.

Durchdringung der gestreuten langwelligen Strahlung in Richtung der Kamera sein. Zwar werden die kurzwelligen Bestandteile der Strahlung entsprechend der Theorie stärker gestreut, jedoch kommt hier die zuvor beschriebene Dämpfung in Richtung der Kameras zum Tragen. Aus Sicht der Kamera 2 kann ebenso der wellenlängenselektive Untergrund einen Einfluss besitzen, der nach den Messdaten zu urteilen leicht in den Luft-Bereich hinein reflektiert. Für die Kamera 1 bleibt der stärkere Rotkanal bis 700 m, für die Kamera 2 bis 500 m bestehen. Steigen die Sichtweiten weiter an, drehen sich die Verhältnisse, der Blaukanal zeigt also höhere Intensitäten als der Rotkanal. Das könnte damit begründet werden, dass die Streuung der bereits aus dem Scheinwerferlichtkegel gestreuten Strahlung in Richtung der Kamera geringer ausfällt, die Wellenlängenselektivität also erhalten bleibt. Ein anderer Grund könnte die Veränderung der Partikeldurchmesserverteilung sein. Bei zunehmender Sichtweite könnten vermehrt Wasserpartikel mit geringerem Durchmesser vorhanden sein, wodurch die Wellenlängenabhängigkeit der Rayleigh-Theorie stärker zum Tragen kommt. Gestützt wird die Vermutung davon, dass in der Nebelkammer, wie auch in der Realität, Tröpfchen mit einem Durchmesser um 0,1 μm vorkommen [50]. Beide Theorien besitzen einen Übergangsbereich, der hier vorliegen könnte. Die größere Wellenlängenselektivität wiederum sorgt für eine stärkere Streuung der kurzwelligen Strahlung. Zudem steigt durch die geringere Anzahl an Partikeln die Wahrscheinlichkeit der Einfachstreuung. Die Verhältnisse zwischen den beiden Farbkanälen schwanken zudem nicht, sondern verändern sich kontinuierlich. Danach würde sich der Intensitätsverlauf zur Sichtweitenbestimmung eignen, die spektralen Unterschiede aufgrund des geringen Unterschiedes zwischen den Farbkanälen wiederum weniger. Die theoretisch starken spektralen Effekte können in den Messdaten nicht nachgewiesen werden. Gründe dafür könnte die bereits am Ende der theoretischen Betrachtung genannte Mehrfachstreuung im Nebel und eine abweichende Wellenlängenselekti-

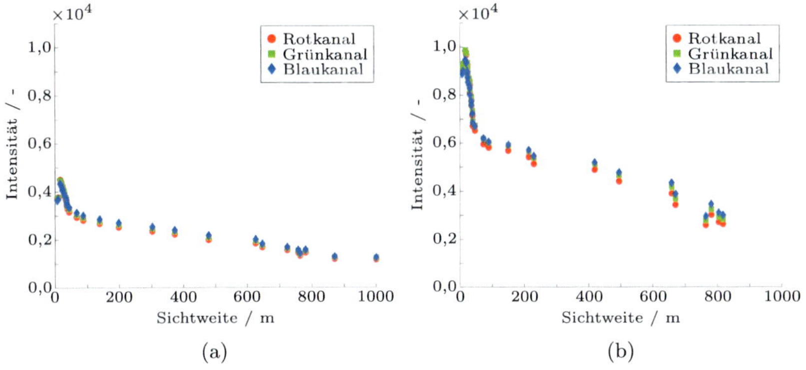

Abbildung 6.24: Mittelwerte der Intensitäten im Luft-Boden-Bereich der oberen Kamera 1 (a) und seitlichen Kamera 2 (b).

vität der Mie-Streuung sein [39] [47]. Zudem ist Nebel eine Ansammlung von Wasserpartikeln unterschiedlicher Durchmesser, was zur Folge hat, dass nicht an allen die Mie-Streuung auftritt.

Der Verlauf der Intensitäten aus der (b) Kameraperspektive 2 des Luft-Boden-Bereichs in Abbildung 6.24 weicht stärker vom Bouguer-Lambert-Gesetz ab, was auf eine stärkere Beeinflussung durch den Untergrund hindeutet.

Die Beeinflussung durch den Untergrund ist in der Abbildung 6.25 über die höheren Intensitäten im Streuvolumen nahe des Asphaltes zu erkennen. Gezeigt wird der Grünkanal der Kamera 2 bei 1000 m Sichtweite. Die gestrichelte Linie umfasst den Bereich, in dem die Intensitäten der Streuung im Nebel erhöht sind.

Gleiches gilt für die (a) Kameraperspektive 1, wobei hier der Verlauf über die Sichtweite keinen besonderen unstetigen Verlauf wie in (b) aufweist. Die Intensitäten der oberen Kamera 1 sind hier allerdings erheblich geringer. Das deutet erneut auf die zuvor beschriebenen unterschiedlichen Tiefen der Projektionsvolumina (15°/10°) und die Asymmetrie der Bodenreflexion hin, die sich stärker in Richtung der seitlichen Kamera 2

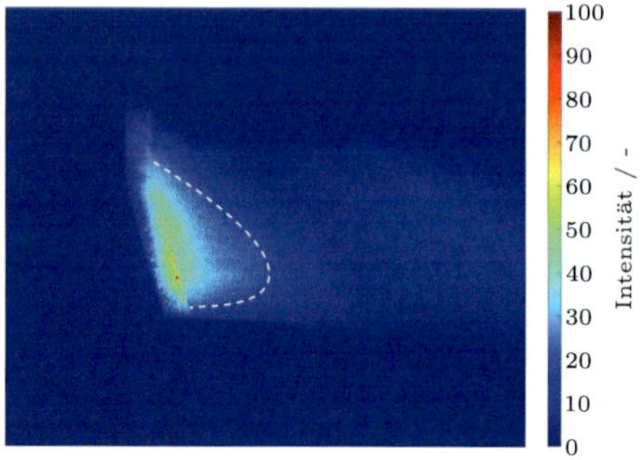

Abbildung 6.25: Streuung im Nebel über dem nassen Asphalt bei einer 1,25° breiten vertikalen Linie. Die Darstellung zeigt die Pixelwerte des Grünkanals aus Kameraperspektive 2.

ausprägt. Entlang des horizontalen Betrachtungswinkels fällt diese im Vergleich zum vertikalen geringer ab. Der Anstieg der Intensität bei geringen Sichtweiten in (a) deutet darauf hin, dass sich die Projektion zu Beginn bei zunehmender Sichtweite weiter entfernt vom Scheinwerfer auf dem Untergrund ausbilden kann. Die größere Entfernung zum Betrachtungsbereich sorgt außerdem dafür, dass die Streuung bei zunehmender Sichtweite für die Kamera besser erfassbar aber zugleich durch die geringere Anzahl an Wasserpartikeln an Intensität verliert. Auf eine Differenzbetrachtung wie in Abbildung 6.23 wird verzichtet, da es um die spektrale Betrachtung der Streuung im Nebel geht, die durch die Reflexion am Untergrund potenziell verfälscht wird. Basierend auf den Ergebnissen eignen sich die Intensitäten des Luft-Bereichs am besten zur Sichtweitenerfassung. Der Einfluss durch den Untergrund scheint sich hier am wenigsten auf die Streuung in der Luft auszuwirken. Bei höheren Sichtweiten könnte wiederum das stetigere Gefälle der Intensitätswerte der Luft-Boden-Bereiches für eien vereinfachte Bestimmung selbiger sorgen. Nach den Messwerten eignet sich die in den Scheinwerfer integrierte Kamera aufgrund der höheren Intensitätswerte am

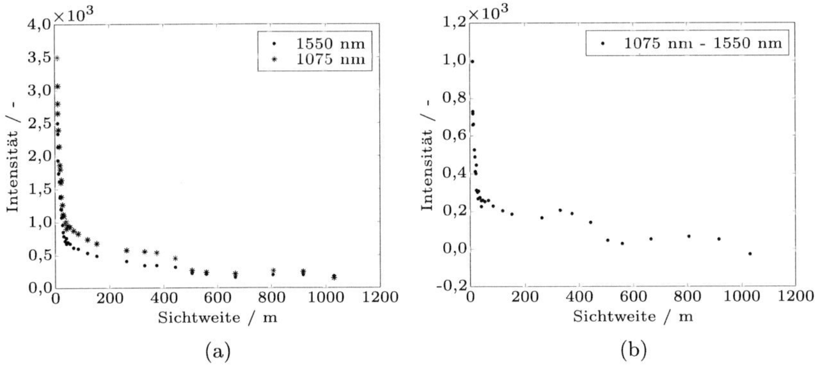

Abbildung 6.26: Intensitätsverläufe der Streuung der spektralen Strahlungsquellen mit 1550 und 1075 nm Wellenlänge(a) sowie deren Differenz zueinander (b), also die Intensität der 1550 nm von der 1075 nm subtrahiert.

besten.

In den Diagrammen der IR-Strahlungsquellen in der Abbildung 6.26 kann man ebenfalls den Verlauf des Bouguer-Lambert-Gesetz und das spektrale Verhalten nach Mie erkennen.

Die Unterschiede zwischen beiden Wellenlängen sind hier größer als beim Kamera-Scheinwerfer-Sensor. Für die Auswertung wurde ein Bereich wie der Luft-Bereich des Kamera-Scheinwerfer-Sensors genutzt, in dem lediglich Streuung in der Luft auftritt. Der Wert für die 1550 nm Strahlungsquelle wird um 5 % erhöht, da das der Wert ist, den man in der Literatur zur Aselektivität der beiden Wellenlängen bezüglich des Bariumsulfatschirms findet [124] [125] [126] [127]. Die Wellenlängenabhängigkeit zeigt sich hier ebenfalls. Die Intensität der Streuung fällt hier bei zunehmender Sichtweite stark ab. Der Verlauf entspricht auch hier dem, was durch das Bouguer-Lambert-Gesetz beschrieben wird. Was im Vergleich zum Kamera-Scheinwerfer-Sensor auffällt, ist die höhere Intensität der kurzwelligen 1075 nm Strahlungsquelle. Entgegen dem Kamera-Scheinwerfer-Sensor scheint die kurzwellige Strahlung hier stärker gestreut zu werden. Die Gründe könnten sein, dass durch die höhere Wellenlänge der beiden Strahlungsquellen die Wellenlängenabhängigkeit zunimmt. Sowohl die Mie- als auch die Rayleigh-Theorie beschreiben ein Verhältnis aus Partikeldurchmesser und Wellenlänge. Da die Wellenlängen der Strahlung im Vergleich um Kamera-Scheinwerfer-Sensor zunehmen, verändert sich dieses Verhältnis. Das führt laut der Theorie zu einer zunehmender Wellenlängenabhängigkeit der Streuung. Das wiederum führt generell dazu, dass die kurzwelligere 1075 nm Strahlung im Vergleich zur 1550 nm Strahlungsquelle stärker gestreut wird. Die höhere Wellenlänge im Vergleich zum Scheinwerfer sorgt ebenso dafür, dass weniger Mehrfachstreuung auftritt, die Wellenlängenselektivität hier also tendenziell stärker zum Tragen kommt. Zugleich wird die im Nebel gestreute Strahlung in Richtung der Kamera weniger stark gestreut. Ebenso ist der Strahlungsaustritt der 1075 nm Strahlungsquelle kleiner als bei der 1550 nm Strahlungsquelle, was eine stärkere Bündelung der Strahlung zur Folge hat. Alles kann dafür sorgen, dass der Unterschied der Streuung zwischen der 1075 sowie 1550 nm erheblich größer ist und daher die Streuung der 1075 nm Strahlungsquelle stärker ist. Aufgrund der auch nach der Theorie höheren Streuung der kurzwelligen Strahlungsquelle, eignet diese sich durch die höheren Intensitäten besser zur Sichtweitenerfassung.

Um den Einfluss durch die Veränderung des Untergrundes zu beleuchten, zeigt Abbildung 6.27 stellvertretend für beide Kameraperspektiven, die Gegenüberstellung der Messungen mit dem Asphalt (= Normalzustand) und den hellgrauen Teermatten (vgl. Abbildung 6.8), die aufgrund des erhöhten Reflexionsgrades nachfolgend als Betonuntergrund bezeichnet werden. Die Daten sind aus Perspektive der oberen Kamera 1. Zu erkennen ist, dass sich die Erhöhung des Reflexionsgrades scheinbar nicht auf die Streuung im Nebel auswirkt. Das deutet darauf hin, dass die Resistenz des Systems gegenüber Reflexionsgradveränderungen der Asphaltschicht hoch ist. Das Diagramm der seitlichen Kamera 2 zeigt

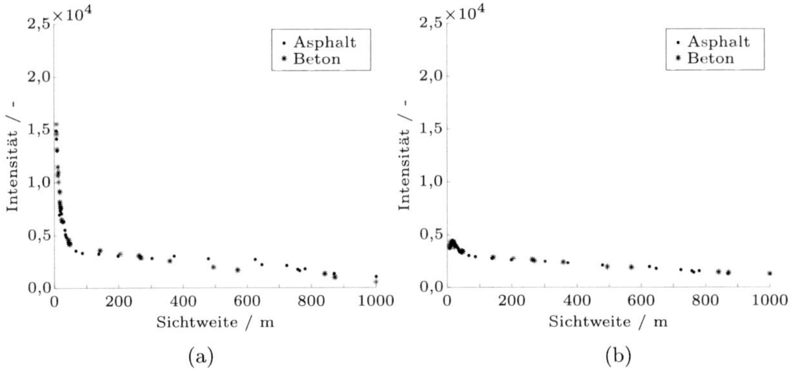

Abbildung 6.27: Intensitätsverläufe der Streuung im Nebel mit dem Asphalt- und dem Betonuntergrund im (a) Luft-Bereich und (b) Luft-Boden-Bereich der oberen Kamera 1.

den gleichen Effekt und ist in Abbildung A3 im Anhang zu finden.

Die Veränderungen der Intensität der gestreuten Strahlung des IR-Kamera- als auch Kamera-Scheinwerfer-Sensors folgen der Gesetzmäßigkeit der MOR und eignen sich durch die Veränderungen in den Daten zur Sichtweitenerfassung. Die spektralen Unterschiede in der Streuung beider Systeme fallen jedoch vermutlich zu gering aus, um im realen Einsatz unter Störeinflüssen Sichtweiten zu erfassen. Aufgrund der höheren Intensitäten der seitlichen Kamera 2, hätte die Integration in den Scheinwerfer durch ein geringeres SNR Vorteile. Es hat sich ebenso gezeigt, dass der Bereich direkt vor dem Scheinwerfer nur wenig vom Untergrund beeinflusst wird. Generell scheinen sich Änderungen des Reflexionsgrades des Untergrundes nicht auf die Streuung im Nebel auszuwirken, eine sich dahingehend verändernde Fahrbahn stellt demnach kein Problem dar.

6.4.2 ORTSDISKRETE INTENSITÄTSVERLÄUFE UND SPEKTRALE INTENSITÄTSUNTERSCHIEDE

Neben den zuvor beschriebenen Betrachtungen beschäftigt sich das folgende Unterkapitel mit ortsdiskreten Änderungen der Intensitäten und jeweiligen Spektren. Wurden bei den zuvor durchgeführten Betrachtungen noch alle räumlichen Informationen durch die Mittelwertbildung eliminiert, bleibt im Folgenden eine zusätzliche Dimension erhalten. Es werden bei der oberen Kamera 1 die Pixelwerte entlang der x- und bei der seitlichen Kamera 2 entlang der y-Achse gemittelt. Dadurch erhält man einen Intensitätsverlauf entlang der Tiefe des Bildes je Farbkanal. So können räumliche Unterschiede der Streuung untersucht werden. Die folgende Betrachtung wird mit dem Kamera-Scheinwerfer-Sensor durchgeführt, da hier der Untergrundeinfluss mitbetrachtet werden soll.

Die Bildverarbeitung entspricht der aus der Abbildung 6.20, wobei hier die zuvor erwähnte andere Mittelwertbildung entlang einer der Bildachsen durchgeführt wird. Zudem wird auf die Bilddaten ein Gauß-Tiefpassfilter mit einer Standardabweichung von $\sigma = 10$ angewendet, um mögliches Rauschen und den größten Anteil der im Unterkapitel 6.5 beschriebenen Struktur des Nebels herauszufiltern, die im Kapitel 4 erläutert wird.

Abbildung 6.28 skizziert mögliche Phänomene der Streuung in der Luft und der Reflexion am Untergrund.

Der Nebel sorgt dafür, dass der Lichtkegel des Scheinwerfermoduls in die Breite gestreut wird. Gleichzeitig kommt es zur Reflexion der Strahlung am Untergrund. Der größere Lichtkegel sollte für eine Verschiebung des Aufsetzpunktes auf dem Untergrund sorgen. Die zuvor erwähnte asymmetrische Rückreflexion am Untergrund ist hier ebenfalls angedeutet. Während der Messung sollte die asymmetrische Verteilung bis auf die Veränderung der Intensität gleich bleiben, da sich der Untergrund

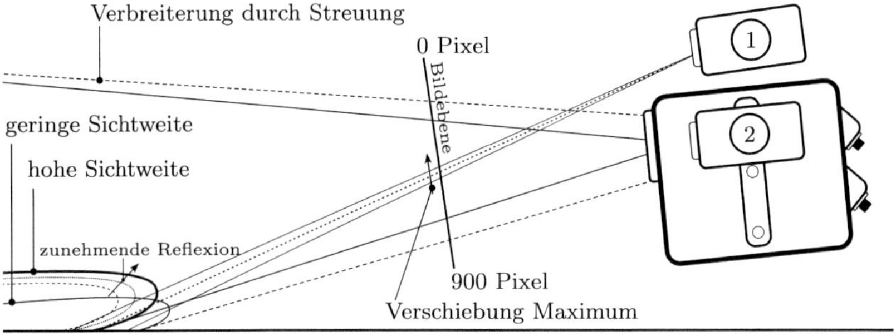

Abbildung 6.28: Mögliche Effekte die bei der Streuung in der Luft und der Reflexion am Untergrund auftreten können.

nicht verändert. Das alles lässt erwarten, dass es zu einer Verschiebung des Intensitätsmaximums aus Sicht der Kameras kommt. Zusätzlich könnten die Wellenlängenabhängigkeit und die spektralen Unterschiede in der Projektion (vgl. Unterkapitel 5.2) eine Verschiebung der Maxima der Streuung in den Farbkanälen der Kamera hervorrufen. In der Abbildung ist zusätzlich eine Bildebene der Kamera angedeutet. Darüber hinaus wird untersucht, welchen Einfluss die Reflexion am Untergrund in welchen Bereichen auf die Intensität der Streuung im Nebel hat. Durch die Wahl des Aufsetzpunktes der Scheinwerferprojektion auf der Straße in etwas unter 5 m zum Lichtaustritt sollte sich die Reflexion bereits zu Beginn jeder Nebelmessung (6 bis 7 m Sichtweite) in den Messdaten zeigen.

Schaut man sich den räumlichen Verlauf, wie in Abbildung 6.29 dargestellt, an, ist eine Verschiebung der Intensitätsmaxima in Richtung Diagrammursprung, also entgegen der Position des Kamera-Scheinwerfer-Sensors zu erkennen.

Hier dargestellt ist die Mittelung der Intensitäten entlang der x-Achse der oberen Kamera 1. Beispielhaft dargestellt sind Intensitätsverteilungen für Sichtweiten zwischen 7 und 87 m. Bei jeder Sichtweite sind die

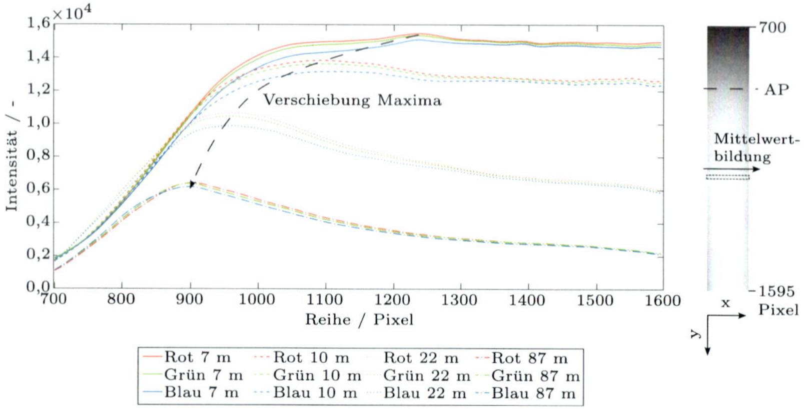

Abbildung 6.29: Verschiebung der Maxima bei unterschiedlichen Sichtweiten. Auf der rechten Seite ist eine Intensitätsverteilung des Grünkanals bei der Sichtweite 6 m dargestellt. Die Intensitätsverteilung wurde durch die obere Kamera 1 aufgenommen. Der Luft-Boden-Übergang liegt hier bei 910 Pixel.

aus den zuvor beschriebenen Gründen höheren Werte des Rotkanals zu sehen. Es ist zu erkennen, dass sich hier mit abnehmender Sichtweite der Aufsetzpunkt der Projektion auf dem Boden ausbildet, da die Intensitätsmaxima der Reflexion näher in Richtung Aufsetzpunkt wandern. Deutete sich das Maximum bei 10 m noch bei Pixelreihe 1100 an, so wandert es mit Zunahme der Sichtweite in Richtung des Ursprungs der y-Achse. Zudem liegen die Maxima der jeweiligen Farbkanäle nicht übereinander. Der Wert 500 Pixel steht auf der y-Achse für den oberen (hinteren) und 1500 Pixel für den unteren (vorderen) Bildbereich. Die unterschiedlichen Positionen der Maxima der drei Farbkanäle können folgende Gründe haben:

1. Farbunterschiede/Farbsäume durch die verbauten Scheinwerferoptiken und das Spektrum der Lichtquelle
2. Farbsäume zwischen den einzelnen LEDs des Leuchtmittels
3. Einflüsse durch die Kameraoptik

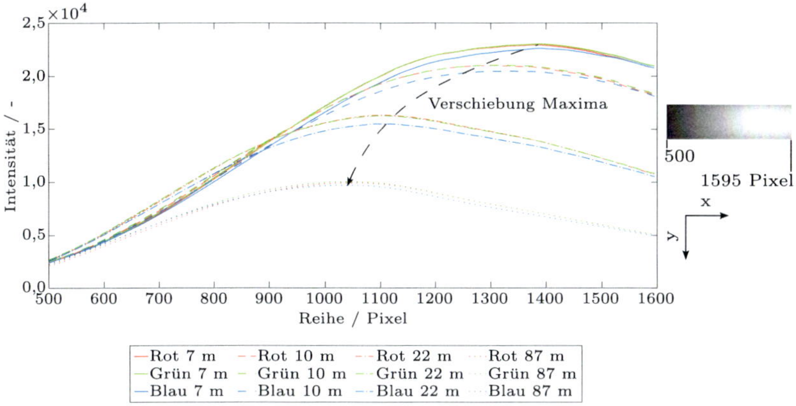

Abbildung 6.30: Verschiebung der Maxima der Farbkanäle bei unterschiedlichen Sichtweiten. Auf der rechten Seite ist eine Intensitätsverteilung des Grünkanals bei der Sichtweite 6 m dargestellt. Die Intensitätsverteilung wurde durch die seitliche Kamera 2 aufgenommen. Der Luft-Boden-Übergang liegt hier bei 1150 Pixel.

4. Wellenlängenselektivität des Untergrundes
5. Wellenlängenselektivität der Streuung im Nebel

Die Farbunterschiede beziehungsweise Farbsäume durch die verbauten Scheinwerferoptiken und das Spektrum der Lichtquelle sind die wahrscheinlichsten Einflussfaktoren. Entgegen der Theorie scheinen die spektralen Unterschiede gering auszufallen und die restlichen Punkte sind als von geringem Gewicht einzustufen. Interessanterweise gibt es die genannten räumlichen Veränderungen, die aufgrund der geringen Ausprägung jedoch nicht weiter im Detail betrachtet werden, da sie sich für die Bestimmung der Sichtweite durch die geringe Ausprägung nur schwierig zu eignen scheinen.

Schaut man sich in Abbildung 6.30 die Verteilungen aus Kameraperspektive 2 an, so sieht man hier spektral ein abweichendes Bild.

Generell lassen sich aber auch hier Verschiebungen der Maxima erkennen. Die Pixelwerte sind hier allgemein größer, allerdings die Unter-

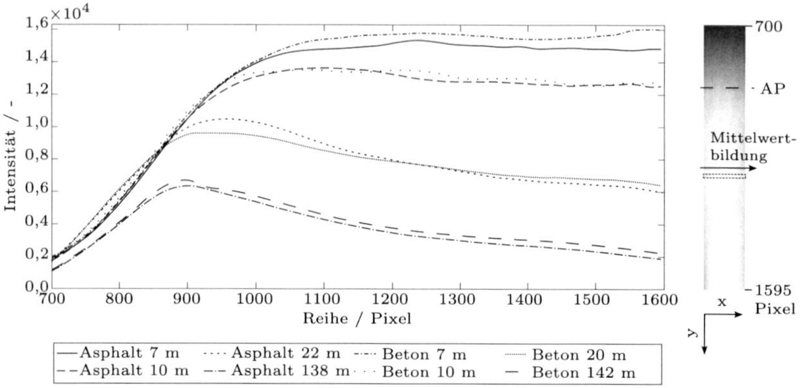

Abbildung 6.31: Gegenüberstellung des Grünkanals der Intensitätswerteverteilungen mit dem Asphalt- und dem Betonuntergrund aus Perspektive der oberen Kamera 1.

schiede zwischen den Farbkanälen, möglicherweise durch die andere Erfassungsrichtung der Scheinwerferprojektion, kleiner. Auch hier liegt der Fokus aufgrund der spektral geringen Unterschiede auf dem generellen Intensitätsverlauf bei verschiedenen Sichtweiten. Eine mögliche Größe zur Sichtweitenerfassung ist hier die Position sowie generell die Ausbildung eines Maximums. Ebenso zeichnet sich aus dieser Kameraperspektive der Aufsetzpunkt der Projektion weniger stark ab.

Für die Betrachtung des Einflusses durch den Betonuntergrund zeigt Abbildung 6.31 jeweils den Grünkanal der Intensitätsverläufe eben dieses Untergrundes zusammen mit dem Asphalt (= Normalzustand) aus Perspektive der Kamera 1. Wie im Unterkapitel 5.2 erwähnt, erfährt der Grünkanal durch seine spektrale Empfindlichkeit nahe dem LED-Strahlung die höchsten Intensitäten (vgl. Tabelle 5.2 und Abbildung 5.8). In der Abbildung sind die ähnlichen Verläufe bei den unterschiedlichen Untergründen zu sehen.

Gleiches gilt für die Kameraperspektive 2 in Abbildung 6.32. In beiden Abbildungen sind zudem sowohl beim Betonuntergrund als auch beim

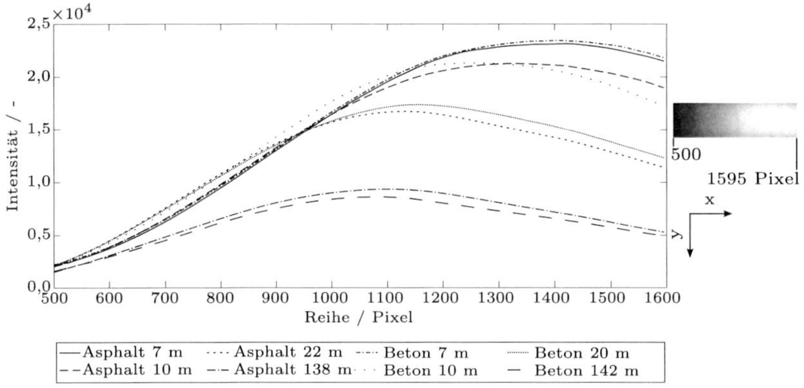

Abbildung 6.32: Gegenüberstellung des Grünkanals der Intensitätswerteverteilungen mit dem Asphalt- und dem Betonuntergrund aus Perspektive der seitlichen Kamera 2.

Asphalt die Verschiebungen der Maxima bei Änderungen der Sichtweite zu erkennen.

Insgesamt eignet sich der Ansatz der ortsdiskreten Intensitätsveränderungen zur Sichtweitenerfassung. Die Verschiebung der Maxima in den Intensitäten bei unterschiedlichen Sichtweiten scheint sich für diese Erfassung zu eignen. Über die zusätzliche Dimension, im Vergleich zum vorausgegangen Unterkapitel, lassen sich zwar deutlicher spektrale Unterschiede erkennen, die jedoch im Rahmen dieser Untersuchungen keiner nutzbaren Systematik folgen. Für eine Systemumsetzung empfiehlt sich aufgrund dessen eine in den Scheinwerfer integrierte Kamera, was dem Verbau hinter der Windschutzscheibe jedoch keinesfalls ausschließt. Änderungen des Reflexionsgrades der Untergründe, im realen Einsatz durch Variationen im Fahrbahnbelag, haben hiernach keine ausschlaggebenden Auswirkungen auf die Streuung im Nebel.

6.5 NEBELSTRUKTUR

Eines der Forschungsthemen ist die Erkennung der Inhomogenitäten des Nebels. Es wird untersucht, ob die Nebelstruktur in den Projektionsinformationen zu finden ist. Dafür wird der Kamera-Scheinwerfer-Sensor mit der vollflächigen Projektion genutzt. Er besitzt im Vergleich zum IR-Kamera-Sensor eine höhere Kameraauflösung und eine zusätzliche Kameraperspektive. Auch hier ist zu erwarten, dass sich die Ergebnisse, begründet durch die Nähe der Wellenlängen, in den IR-Bereich übertragen lassen. Aufgrund der geringeren Streuung der langwelligen IR-Strahlung werden die Strukturen hier vermutlich in abgeschwächter Form auftreten. Für die Analyse werden, basierend auf den höchsten Intensitätswerten, die Pixelwerte des Grünkanals genutzt, da sich die Empfindlichkeit des LED-Spektrums und des Grünkanals am ähnlichsten sind (vgl. Unterkapitel 5.2 und Tabelle 5.2). Für die Auswertung der Strukturen wird der Luft-Bereich, wie er in den Abbildungen 6.14 und 6.15 definiert ist, genutzt. Die Analyse umfasst die folgenden drei Themenfelder:

1. Strukturextraktion aus den Kameradaten
2. Unterschiede der beiden Kameraperspektiven
3. Strukturanalyse über die Grauwertübergangsmatrix

Informationen über die Nebelstruktur stecken grundsätzlich in den Kamerainformationen. Vor der experimentellen Untersuchung findet die nachfolgende theoretische Betrachtung entsprechend der physikalischen Gesetzmäßigkeiten statt. Die Herausforderung bezüglich der Struktur im Kamerabild ist es, dass sie von der durch den Scheinwerfer eingebrachten Strahlungsverteilung überlagert wird. Daher wird im Folgenden die Annahme getroffen, dass die Struktur generell höhere Intensitätsunterschiede hervorruft und sie somit höhere Frequenzen besitzt. Es müssen also die niedrigen Frequenzen der Scheinwerferlichtverteilung von den hohen Frequenzen der Nebelstruktur separiert werden. Daher wird der Gauß-Tiefpassfilter für die Separation der beiden Bildinformationen genutzt. Genauer gesagt wird die Differenz des Gauß-Tiefpassfilters (DoG; Difference of Gaussian [139]) verwendet, weil die Überlagerung der Struktur mit der Scheinwerferlichtverteilung einer Addition entspricht. Das bedeutet, die Scheinwerferprojektion kann mit einer hohen Standardabweichung σ des Gauß-Tiefpassfilters herausgefiltert werden. Die Herausforderung hierbei ist es, die richtigen Werte für die Standardabweichungen zu finden, um beide Informationen separieren zu können.

Die Abbildung 6.33 zeigt daher in (d) die aufgenommene Intensitätsverteilung, die bereits mit einem Gauß-Tiefpassfilter mit einer Standardabweichung von $\sigma = 4$ gefiltert wurde.

Der Filter wird hier genutzt, um das Rauschen des Kameramoduls zu minimieren und die Nebelstrukturen in den Bilddaten zu bewahren. Dargestellt sind die Bilddaten der oberen Kamera 1. Um nun eine Entscheidungsgrundlage für die Wahl der optimalen Standardabweichung für die Strahlungsverteilung zu treffen, werden drei Pixelspalten aus den Bilddaten einzeln abgebildet. In (a) ist die Pixelspalte entlang der y-Achse bei 1430, (b) 1500 und (c) 1570 Pixel über die Werte entlang der x-Achse dargestellt. Die Spalte des Ursprungsbildes wird jeweils mit den drei unterschiedlichen Standardabweichungen σ von 5, 10 und 20 geglättet. Sie werden hier jeweils mit dem entrauschten Bild ($\sigma = 4$) verglichen. Eine Filterung mit einer Standardabweichung von $\sigma = 5$ hat zur Folge, dass in den Intensitätsverläufen nach wie vor eine Struktur enthalten ist. Das ist dadurch sichtbar, dass der Linienverlauf den einzelnen Peaks der Verteilung mit $\sigma = 4$ folgt. Eine Filterung über eine Standardabweichung von 20 wiederum führt zu einer erheblichen Abweichung vom ursprünglichen Intensitätsverlauf. Das würde bei der DoG dazu führen, dass in den Daten nach der Berechnung ein größerer

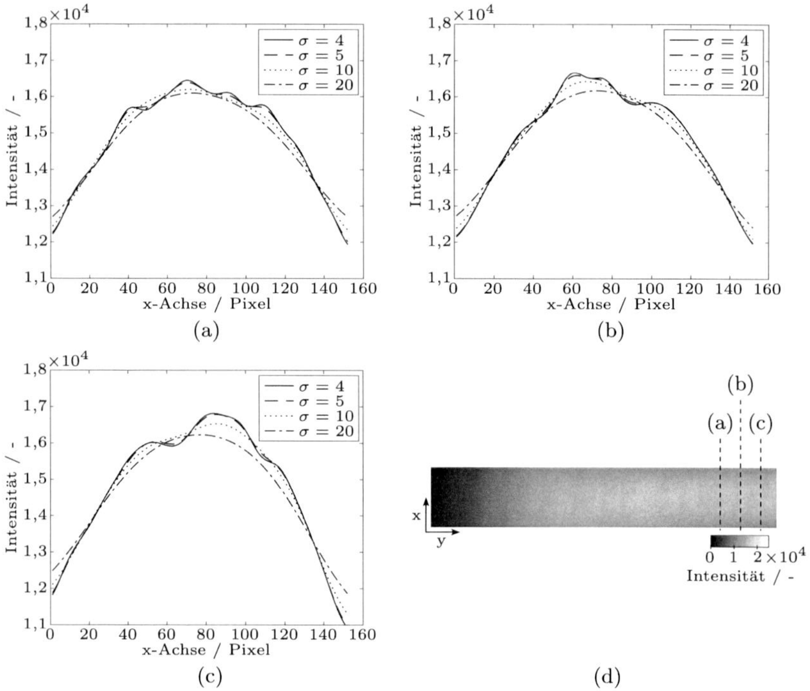

Abbildung 6.33: Unterschiedliche Intensitätsverläufe entlang der in (d) in den Bilddaten eingezeichneten Pixelspalten entlang der y-Achse, die entsprechend benannt sind. Dargestellt sind die Pixelspalten bei (a) 1430, (b) 1500 und (c) 1570 Pixel.

Anteil der Intensitätsverteilung der Scheinwerferstrahlung enthalten bleibt. Die Filterung mit der Standardabweichung von 10 ist hier das Optimum, da der Verlauf der Intensitätsverteilung anscheinend teilweise die Wendepunkte der Verteilung von $\sigma = 4$ durchdringt, somit der Intensitätsverteilung des Ursprungsbildes nah ist. Auf eine weitere Optimierung wird verzichtet, da zunächst grundlegend gezeigt werden soll, dass die Strukturen zur Sichtweitenerkennung genutzt werden können. Die Anwendung der Differenz des Gauß-Tiefpassfilters führt nun dazu, dass die Intensitätsverteilung aus den Bilddaten B extrahiert wird:

$$B_{\sigma=4} - B_{\sigma=10} = B_{Struktur} \tag{6.2}$$

Abbildung 6.34 zeigt im oberen Teil die Bilddaten aus der Kameraperspektive 1, welche über die DoG aufgearbeitet wurden. Das Ergebnis der DoG ($B_{Struktur}$) ist im unteren Teil zu sehen. Die Strukturen werden extrahiert und bieten eine Basis, um die Grauwertübergangsmatrix anwenden zu können. Für die Daten der Kameraperspektive 2 wird angenommen, dass die zuvor ermittelten Standardabweichungen auch hier grundlegend anwendbar sind. Da die Kamerahardware nahezu identisch ist, wird von einer weiterführenden Betrachtung diesbezüglich abgesehen.

Bezogen auf die Struktur unterscheiden sich die Kameraperspektiven hier in mehreren Eigenschaften. Aufnahmen aus beiden Kameraperspektiven sind in Abbildung 6.35 zu finden. Es werden jeweils die Intensitätswerte aus der Kameraperspektive sowie die über die DoG mit den zuvor ermittelten Standardabweichungen gefilterten Intensitätswerte gezeigt. Die Skalierung der Pixelgröße beider Kameraperspektiven ist, ebenso wie die der Intensitäten, in der Abbildung gleich und jeweils über eine Skala dargestellt. Generell lässt sich festhalten, dass die Struktur in beiden Kameraperspektiven enthalten ist. Das bestätigt die Annahme, dass selbige nicht der Struktur des Untergrundes entspringt, da beide

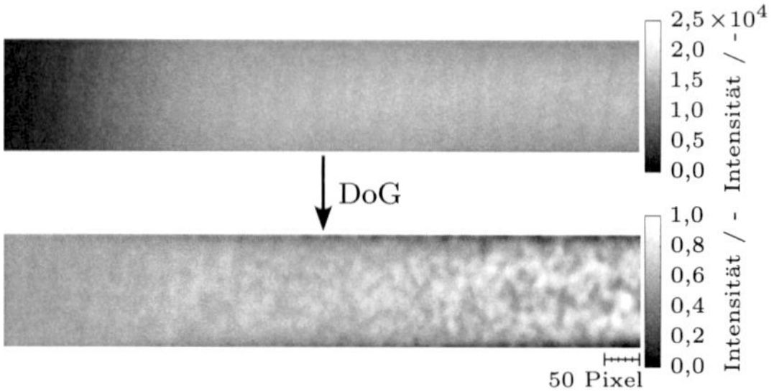

Abbildung 6.34: Die aufgenommenen Bilddaten aus der Kamera 1 bei 7 m Sichtweite (oben), aus der mittels der DoG die Nebelstruktur (unten) extrahiert wird.

Kameraperspektiven eine andere Ausrichtung zum Untergrund besitzen. Zusätzlich dazu zeigt die Aufnahme in Abbildung 6.25 eine nur geringe Reflexion des Untergrundes durch das Streulicht im Luft-Bereich, die vermutlich nicht ausreicht, um die Struktur des Asphalts in diesem Bereich in den Nebel zu übertragen.

Zudem ist zu erwarten, dass jegliche Strukturen vom Untergrund durch den Nebel gestreut werden würden. Das Kamerarauschen wird durch den Gauß-Tiefpassfilter ebenfalls aus den Kameradaten eliminiert. Die Nebelstruktur ist jedoch sowohl in der Größe als auch in der Intensität in den Bilddaten der oberen Kamera 1 stärker ausgeprägt. Mögliche Gründe für den genannten Umstand sind die folgenden:

1. Durch den kleineren Öffnungswinkel (höhere Brennweite) werden die Strukturen aus der seitlichen Kamera 2 auf dem Sensor stärker aufgefächert. Das kann generell zu geringeren Gradienten der Struktur führen.

2. Ebenso sind die Intensitäten der aufgenommenen Bilddaten höher. Begründet werden kann das durch den größeren Einfluss des Untergrundes im Luft-Boden-Bereich auf die Kameraperspektive 2. Eine mögliche Begründung dafür ist die Theorie der asymmetrischen Reflexion am Untergrund (Unterkapitel 2.1.5), welche durch

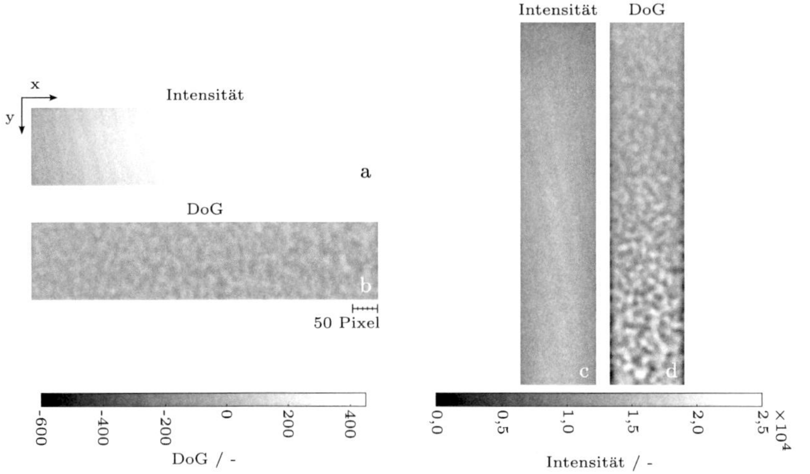

Abbildung 6.35: Intensitätswerte des Nebels aufgeanommen durch die (a) seitliche Kamera 2 und (c) oberer Kamera 1 sowie die Difference of Gaussian (DoG) der (b) seitlichen Kamera 2 und (d) obereren Kamera 1.

das aufgezeichnete Reflexionsverhalten aus der Abbildung 6.25 zusätzlich unterstrichen wird. Die höhere Untergrundreflexion im Luft-Boden-Bereich könnte die Nebelstrukturen überlagern und zu einer Abschwächung führen.

3. Zusätzlich könnte der horizontal größere Abstrahlwinkel des Scheinwerfers diesen Effekt verstärken.

Für die weitere Untersuchung fällt die Wahl aufgrund der stärkeren Ausprägung auf die obere Kamera 1.

Die Berechnungsschritte der weiteren Auswertung sind in der Abbildung 6.36 dargestellt. Die Bilddaten werden jeweils über die Standardabweichungen $\sigma = 4$ sowie $\sigma = 10$ gefiltert und anschließend voneinander subtrahiert (DoG). Im Anschluss wird das Ergebnis entsprechend dem Luft- und Luft-Boden-Bereich (Abbildungen 6.14 und 6.15) zugeschnitten und der Betrag der Daten berechnet. Dieses Vorgehen wird

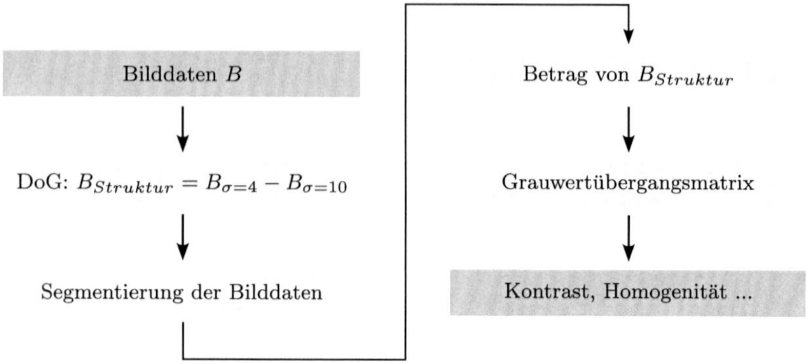

Abbildung 6.36: Ablauf der Datenverarbeitung von den Bilddaten B bis zur den Eigenschaften der Grauwertübergangsmatrix (Kontrast, Homogenität ...).

gewählt, um nach der DoG das Vorzeichen der negativen Werte in den Bildinformationen zu eliminieren, was Voraussetzung für die Grauwertübergangsmatrix ist. Da es generell um das Auftreten der Struktur geht und der exakte Verlauf an dieser Stelle nicht von Bedeutung ist, ist das ein legitimer Schritt.

Als Verschiebungsvektoren für die Grauwertübergangsmatrix werden verschiedene Längen angenommen. Es wird jedoch dauerhaft der gleiche Winkel von 0° genutzt. Über den Winkel kann eine Winkelabhängigkeit der Struktur untersucht werden. Der Winkel spielt an dieser Stelle keine Rolle, da keine solche Abhängigkeit untersucht werden soll und anhand der Daten auch nicht zu erwarten ist. Durch die unterschiedlichen Längen des Verschiebungsvektors kann nach unterschiedlich großen Strukturen gefiltert werden. Für die Berechnung wird die Matlab Funktion "graycomatrix"genutzt. Die Längen der Verschiebungsvektoren betragen 1, 5, 7, 9 und 13. Der Grund dafür ist die Ausdehung der Nebelstrukturen, deren Größe im Kamerabild ungefähr 10 Pixel beträgt. Die Grauwertübergangsmatrix wird auf 100 x 100 Werte festgelegt. Die Bilddaten werden in neuner Wertebereiche von 0 bis 900 Intensitätswerte

V	Sichtweite	Kontrast	Homogenität
1	7 m	27,19	0,36
1	29 m	5,37	0,49
1	198 m	1,42	0,65
1	1000 m	0,58	0,77
5	7 m	417,49	0,16
5	29 m	82,04	0,24
5	198 m	18,94	0,36
5	1000 m	6,29	0,48
7	7 m	598,96	0,14
7	29 m	120,02	0,21
7	198 m	27,08	0,33
7	1000 m	8,88	0,45
9	7 m	712,21	0,13
9	29 m	145,20	0,20
9	198 m	32,13	0,31
9	1000 m	10,48	0,43
13	7 m	801,28	0,13
13	29 m	163,52	0,19
13	198 m	35,16	0,31
13	1000 m	11,81	0,42

Tabelle 6.4: Die mithilfe der Grauwertübergangsmatrix berechneten Struktureigenschaften der in der Abbildung 6.37 dargestellten Matrizen.

eingeteilt. Das bedeutet, der erste Wertebereich an der Stelle (0,0) der Grauwertübergangsmatrix reicht jeweils von 1 bis 9, (1,1) von 10 bis 18 und (99,99) von 892 bis 900 und enthält ebenso alle Pixelwerte, die größer als 900 sind. Ebenso werden die Werte für die Homogenität der Struktur sowie den Kontrast nach den Veröffentlichungen von Haralick et. al. [96] [94] berechnet. Die Werte sind in der Tabelle 6.4 dargestellt.

In der Abbildung 6.37 sind insgesamt 20 Grauwertübergangsmatrizen dargestellt. Sie unterscheiden sich zum einen in der Länge der Verschiebungsvektoren von 1 bis 13 sowie in der Sichtweite des Nebels. Der Grund für die verschiedenen Verschiebungsvektoren besteht darin, dass bei der Grauwertübergangsmatrix die Pixelwerte mit einem Abstand zueinander, welcher der Länge des Vektors entspricht, verglichen werden. Die Annahme ist nun, dass die Nebelstrukturen in ihrer Größe variieren. Um den Größenunterschied zu untersuchen, werden die unterschiedlichen Längen genutzt. Wird die Länge des Verschiebungsvektors modifiziert, verändert sich auch die Grauwertübergangsmatrix. Die Strukturen werden hier als homogen erkannt, solange selbige im Kamerabild der Länge des Vektors entsprechen. Homogene Strukturen besitzen den gleichen Intensitätswert. Im Inneren der Strukturen herrschen ebenfalls die gleichen Intensitätswerte vor. Homogene Werte liegen auf der Diagonalen, das bedeutet, solange sich auf der Diagonalen der Matrix mehrere Werte befinden, ist zu erwarten, dass Strukturen mit der Länge des Verschiebungsvektors existieren. Schaut man sich die Skala in der Abbildung 6.34 an, kann man hier bereits ablesen, dass die Strukturen maximal ungefähr 10 Pixel groß sind. Daher betragen die Längen der Vektoren maximal 13 Pixel. Die Matrizen bestätigen, dass die Wahl legitim ist, da es in der Abbildung 6.37 in den meisten Fällen bereits zwischen $V = 9$ und $V = 13$ zu keinen ausschlaggebenden Veränderungen mehr kommt.

Die kurzen Verschiebungsvektoren und die Glättung durch den Gauß-Tiefpassfilter sorgen dafür, dass die durch die Grauwertübergangsmatrix erfassten Intensitätsunterschiede zwischen den direkt benachbarten Pixelwerten (bei V = 1) vergleichsweise gering sind. Das heißt, es existiert eine größere Anzahl an Werten, die auf der Diagonalen liegen, was dafür sorgt, dass die hier als Breite bezeichnete Eigenschaft der Matrix vergleichsweise gering ausfällt. Die Verteilung innerhalb der Matrix erscheint länglich.

Was man ebenso erkennt ist, dass die Breite bei einer Sichtweite von 7 m im Vergleich zu den anderen drei Sichtweiten am höchsten ist. Das

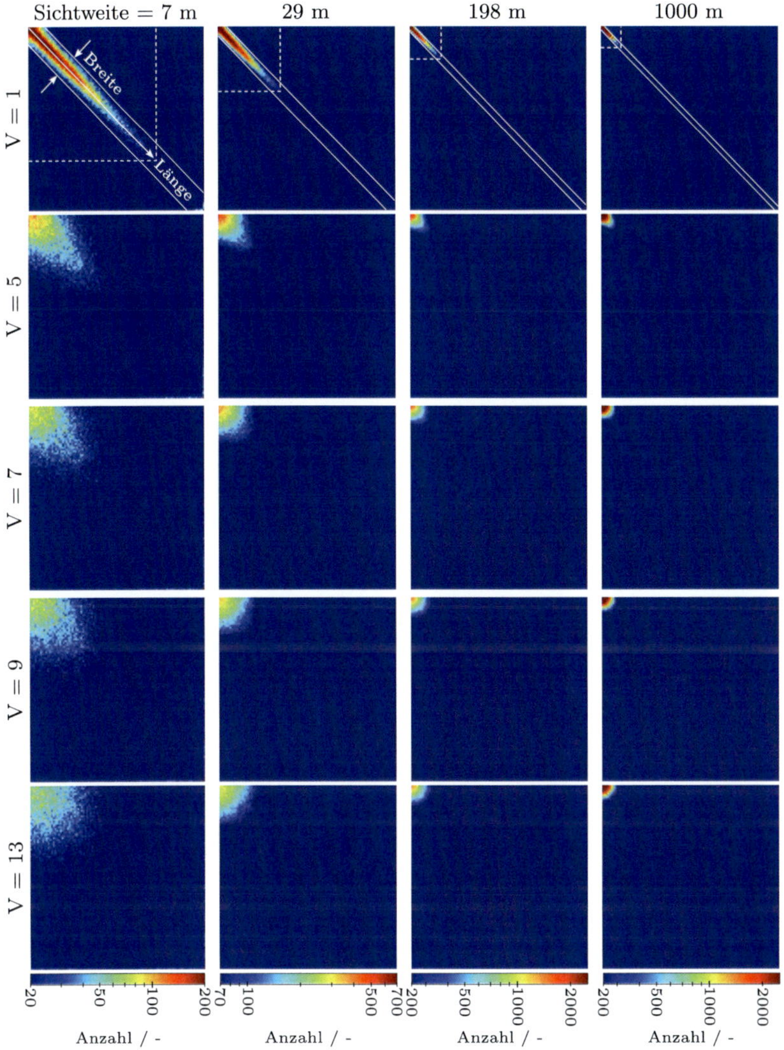

Abbildung 6.37: Die Grauwertübergangsmatritzen bei unterschiedlichen Verschiebungsvektoren und Sichtweiten. Die Skalierung wurde hier absichtlich unterschiedlich gewählt, da ansonsten die Veränderungen, vor allem bei den geringen Sichtweiten, besonders schlecht zu erkennen sind. Aus dem gleichen Grund wurde die Skalierung des Farbbalkens logarithmisch gewählt.

lässt die Schlussfolgerung zu, dass die Intensitätsunterschiede zwischen den Pixelwerten hier am größten sind. Die Homogenität der Struktur ist am geringsten, umso größer die Breite ist, was man ebenso über die in der Tabelle 6.4 angegebenen Homogenitäten der jeweiligen Matrizen bei $V = 1$ sehen kann. Würde ein perfekt homogenes Bild analysiert werden, lägen die Intensitätswerte alle auf der Diagonalen der Grauwertübergangsmatrix. Ebenso ist der Kontrast bei geringer Sichtweite am höchsten, da die Intensitätswerte bei einer geringen Sichtweite aufgrund der Struktur generell stärker schwanken. Ferner ist die hier als Länge eingezeichnete Eigenschaft bei einer Sichtweite von 7 m am höchsten. Je größer die Länge, desto höhere Pixelwerte besitzt die Struktur.

Schaut man sich nun die vier Matrizen bei 7 m Sichtweite an und erhöht die Länge des Verschiebungsvektors V, sieht man, dass die Länge stärker abnimmt und sich die Werte der Matrix wie ein Viertel eines Kreises in der oberen linken Ecke anordnen. Es liegen also immer weniger Werte auf der Diagonalen der Matrix. Das weist darauf hin, dass es in den Bilddaten immer weniger Pixelpaare mit dem Abstand des Verschiebungsvektors gibt, die ähnlich sind, die Streuung mit zunehmender Sichtweite demnach homogener wird. Das lässt sich ebenso an den Werten für die Homogenität und den Kontrast bei unterschiedlichen Verschiebungsvektoren ablesen. Basierend auf den Matrizen bei 7 m Sichtweite liegen die Größen der Struktur bei 9 bis 13 Pixeln.

Für die Sichtweiten von 29 m findet bereits bei einem Wert von $V = 9$ keine offensichtliche Veränderung der Matrix mehr statt. Die Struktur scheint also im Vergleich zu der Sichtweite von 7 m kleiner zu sein. Ebenso sind die Intensitäten der Matrix generell kleiner, da sie sich weniger stark über den kompletten Bereich der Matrix erstrecken. Die Homogentitätswerte, die man der Tabelle entnehmen kann, sprechen ebenfalls dafür, dass die Strukturen kleiner beziehungsweise geringer sind, da sie sich ab $V = 9$ deutlich weniger verändern. Eine höhere Homogenität hängt vermutlich mit den geringeren Intensitäten der Strukturen im Vergleich zur Sichtweite 7 m zusammen. Die Kontraste, also die Varianz der Intensitätswertpaare, sind ebenso geringer und nehmen bei abnehmender Homogenität zu.

Gleiches Verhalten lässt sich bei zunehmender Sichtweite erkennen. Auch hier liegen die Intensitätswertpaare in der oberen linken Ecke und erstrecken sich nicht über die Grauwertübergangsmatrix. Das bedeutet, dass generell geringere Intensitätswerte vorliegen. Ebenso fallen die Veränderungen bei zunehmender Länge des Verschiebungsvektors gering aus, was darauf hindeutet, dass die Strukturen kleiner werden, je höher die Sichtweite ansteigt.

Um nun beurteilen zu können, inwiefern der Untergrund Einfluss auf die Daten ausübt, sind in der Abbildung 6.38 Strukturdaten dargestellt, die über das oben beschriebene Verfahren der DoG berechnet wurden. Zu sehen ist die Szene mit (a) Fahrbahnmarkierungen und dem (b) Betonuntergrund, die der Bildaufnahme mit einem (c) normalen feuchten Fahrbahnuntergrund der Hauptmesskammer gegenübergestellt sind.

Die Darstellungen sind im Gegensatz zu allen zuvor gezeigten Bildern um 90° gedreht. Alle Aufnahmen entsprechen der Kameraperspektive 1 und zeigen den bereits für die vorherigen Untersuchungen genutzten Bildausschnitt. In allen Bildern sind die Strukturen durch den Nebel zu erkennen. Die Unterschiede in der Struktur untereinander fallen minimal aus. Der Fahrbahnbelag mit dem höheren Reflexionsgrad scheint bei dieser Sichtweite keinen Einfluss auf die Daten zu haben. Bei zunehmender Sichtweite könnte sich der Einfluss im hinteren (hier: linken) Bildbereich verändern. Der Bereich mit den Fahrbahnmarkierungen in (a) zeigt die Reflexion an selbigen, was deutlich macht, dass der Untergrund hier einen Einfluss auf die Struktur ausübt. Die Fahrbahnmarkierungen im vorderen (hier: rechten) Bereich sind in den Nebelstrukturen nicht zu sehen. Das unterstreicht erneut, dass die Struktur nicht dem Unter-

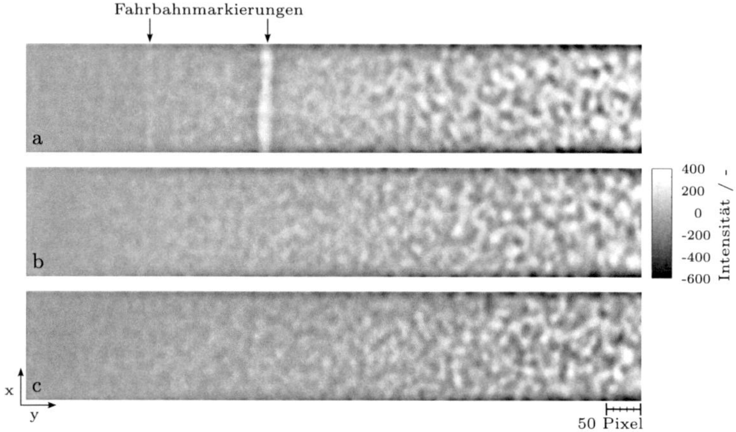

Abbildung 6.38: Die über die DoG herausgefilterten Strukturinformationen des Nebels bei einer Sichtweite von 7 m. Zu sehen sind Messdaten eines (a) mit Fahrbahnmarkierungen bedeckten Untergrundes, (b) dem Betonuntergrund und (c) dem Untergrund der Hauptmesskammer ohne Veränderungen.

grund entspringt und der Einfluss im Luft-Bereich auf die Nebelstruktur minimal sein wird.

Auch wenn der Nebel in CEREMA realem Nebel entspricht [31][32][101] [128] [129] [130] [131] [132], wird ein Vergleich mit einer Messung bei realem Nebel auf dem Fichtelberg in Sachsen durchgeführt. Daher werden in der Abbildung 6.39 Aufnahmen von Messungen mit der (a) Baumer VLXT 71C.I sowie der (b) Baumer VCXU 23C auf dem Fichtelberg mit dem in (c) CEREMA genutzten System (Baumer VLXT 71C.I) gegenübergestellt. Die Aufnahmen auf dem Fichtelberg wurden bei 122 m, die Messungen in CEREMA bei 138 m gemacht. In allen Aufnahmen sind jeweils die Strukturen zu erkennen, die somit nicht auf die Nebelerzeugung in der Nebelkammer zurückzuführen sind.

Die Untersuchungen haben gezeigt, dass die Strukturen potenziell als Messgröße zur Erfassung von Sichtweiten genutzt werden können. Als Informationen können das Maß der Homogenität des Nebels und die

(a) (b) (c)

Abbildung 6.39: Strukturen über die DoG berechnet. (a) und (b) zeigen die gemessene Struktur bei realem Nebel bei einer Sichtweite von 122 m auf dem Fichtelberg in Sachsen. Hierbei wurde ein Vorgänger des in dieser Arbeit genutzten Moduls eingesetzt, der ebenfalls auf dem DLP-System basiert. In (a) wird die Baumer VLXT 71C.I und in (b) die VCXU 23C genutzt. (c) zeigt eine Aufnahme in CEREMA mit der VLXT 71C.I bei einer Sichtweite von 138 m.

Größen der Nebelstrukturen genutzt werden. Wird ein einfacher Scheinwerfer ohne Winkelauflösung genutzt, ist die Kamera hinter der Windschutzscheibe von Vorteil. Sofern ein hochauflösendes Scheinwerfersystem zur Verfügung steht, ist die Bedeutung der Positionierung der Kamera durch die Anpassung der Scheinwerferausleuchtung zu vernachlässigen. Die Nebelstruktur ist darüber hinaus eine Messgröße, die erwarten lässt, dass sie unempfindlicher gegenüber Veränderungen der Umgebung ist, sofern die Größe der Strukturen ausgewertet werden.

6.6 EINGEBRACHTE PROJEKTIONSSTRUKTUR

Nachdem die Intensitätsverläufe der Streuung des Scheinwerferlichtes, deren Spektrum sowie die Struktur des Nebels untersucht wurden, behandelt das nachfolgende Unterkapitel die Strukturen, die ein Projektionsmuster des Scheinwerfers bei unterschiedlichen Sichtweiten in den Nebel einbringt. Diese dienen als weitere Messgröße, um Sichtweiten zu

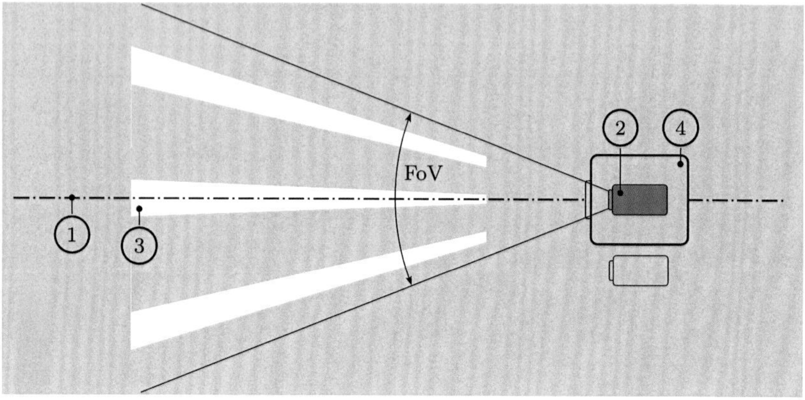

Abbildung 6.40: Die optische Achse (1) des Kameramoduls (2) liegt mit der des Scheinwerfersystems (4) in einer Dimension übereinander, was dazu führt, dass die Projektion (3) ebenfalls auf der optischen Achse liegt. FoV steht hier für das Field of View des Kameramoduls.

detektieren. Hier wird der Kamera-Scheinwerfer-Sensor, aufgrund der hohen Winkelauflösung des Scheinwerfermoduls, genutzt. Als Projektionsmuster kommen die Projektionen zum Einsatz, die im Unterkapitel 6.2 aufgeführt sind.

Wie bereits zuvor wird auch hier das Ziel verfolgt, die im Kapitel 3 beschriebenen Forschungsthemen zu untersuchen und Anforderungen an ein hochauflösendes Scheinwerfersystem sowie eine Kamera abzuleiten. Die Anforderungen an den Scheinwerfer werden dabei von den Eigenschaften der Projektionsmuster abgeleitet, weshalb im Folgenden unterschiedliche Projektionen untersucht werden.

Als Projektionsmuster werden Linienprojektionen genutzt, weil die optischen Achsen, wie Abbildung 6.40 zeigt, je einer Kamera mit der optischen Achse des Scheinwerfersystems in einer Dimension übereinanderliegen. Dadurch lassen sich die Linien optimal aus den Daten extrahieren und somit die Mustereigenschaften ebenso gut separat untersuchen.

Durch die im Unterkapitel 2.1 beschriebenen Theorien der Rotationssymmetrie der Streuung sowie der Mehrfachstreuung kommt es zu einer Streuung der Projektion orthogonal zur optische Achse des Projektionssystems. Das sorgt dafür, dass projizierte Muster je nach Sichtweite bei Nebel in die Breite gestreut werden. Die Intensität der Streuung wird durch das im Unterkapitel 2.2.1 eingeführte Bouguer-Lambert-Gesetz und dem dort erwähnten Extinktionskoeffizienten σ_e ausgedrückt. Die Abbildung 6.19 im Unterkapitel 6.4 zeigt den Verlauf des Extinktionskoeffizienten über die Sichtweite, der stellvertretend für die Intensität der Streuung steht. Umso stärker die Streuung, umso mehr wird die Projektion in die Breite gestreut. Das kann dafür sorgen, dass sich Bereiche des Projektionsmusters überlagern und ein größerer Abstand zwischen den hier genutzten Linien höhere Strukturwerte bewirken. Darüber hinaus kann ein zu geringer Lichtstrom dafür sorgen, dass die Projektion bis zur Kamera so stark gestreut wird, dass sie im Nebel nicht mehr als solche erkannt werden kann. Eine Erhöhung des Lichtstroms über beispielsweise eine Verbreiterung der projizierten Linie sorgt für eine stärkere Ausprägung der Linie im Nebel.

Abbildung 6.41 zeigt die Projektionseigenschaften die im Folgenden untersucht werden. Dabei geht es um Eigenschaften wie die Linienbreite, um herauszufinden wie diese sich auf die Sichtweitenerfassung auswirkt und ab welcher Breite eine Projektion optimal erscheint. Ebenso wird, basierend auf der zuvor erwähnten Überlagerung, der optimale Linienabstand zwischen den projizierten Linien untersucht. Anschließend wird die Linienanzahl als Maß für die Komplexität der Projektion untersucht. Abschließend werden die zuvor ermittelten Optimalwerte der Projektionseigenschaften miteinander verglichen. Dabei wird analysiert, wie in dem Ausleuchtbereich des hier genutzten Scheinwerfers die maximale Projektionsstruktur in den Nebel eingebracht wird.

Über die Bildverarbeitung werden die Veränderungen durch die Musterprojektion im Nebel aus den Bilddaten extrahiert. Wichtig ist in diesem

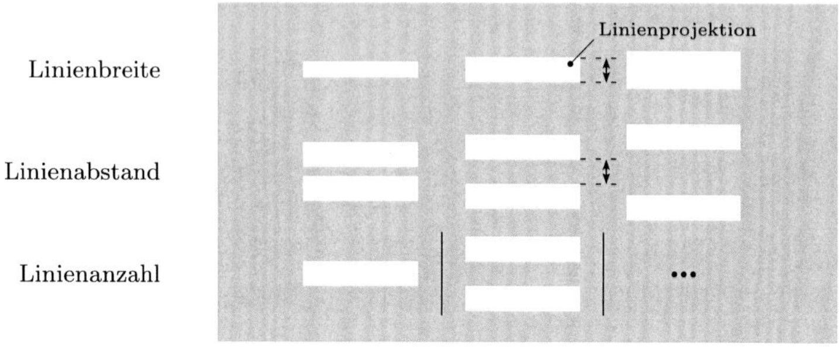

Abbildung 6.41: Die Veränderungen eines Projektionsmusters, die im Rahmen dieses Unterkapitels untersucht werden.

Zusammenhang, dass kein Bildverarbeitungsverfahren auf ein spezielles Projektionsmuster angepasst ist. Dies würde dazu führen, dass die aufgenommenen Streuungen bestimmter Projektionsmuster verstärkt und so die Auswertung verfälscht werden würde. Es werden die Gradienten der Bilddaten berechnet, um die Struktur, die durch die Scheinwerferprojektion in den Nebel eingebracht wird, zu analysieren. Dazu wird der in Kapitel 2 beschriebene Sobel-Operator genutzt. Seine Richtungsselektion entlang der x- und y-Achse lässt eine Extraktion des Projektionsmusters zu, wie Abbildungen 6.42 (c) und (e) zeigen. Im Vergleich zu (b) und (d) wird die Struktur, die zum großen Teil entlang der y-Achse verläuft, durch die Gradientenberechnung entlang der x-Achse, in (c) sowie (e) stärker aus den Daten herausgestellt. Im Unterkapitel 2.5.3 findet sich eine genaue Erläuterung zu der Gradientenberechnung. Die richtungsabhängige Verstärkung des (e) Sobel-Operators stellt darüber hinaus die Projektionsränder im Vergleich zum (c) Prewitt-Operator stärker heraus. Zudem ist er durch die Größe seines Filterkerns weniger anfällig für Bildrauschen als beispielsweise der Roberts-Operator [91] [92]. Wird von eingebrachten Strukturen in Bezug zu Nebel geschrieben, sind dabei für die obere Kamera 1 die Gradienten entlang der x-Achse ∇_x gemeint. Bei der seitlichen Kamera 2 verlaufen die projizierten Linien

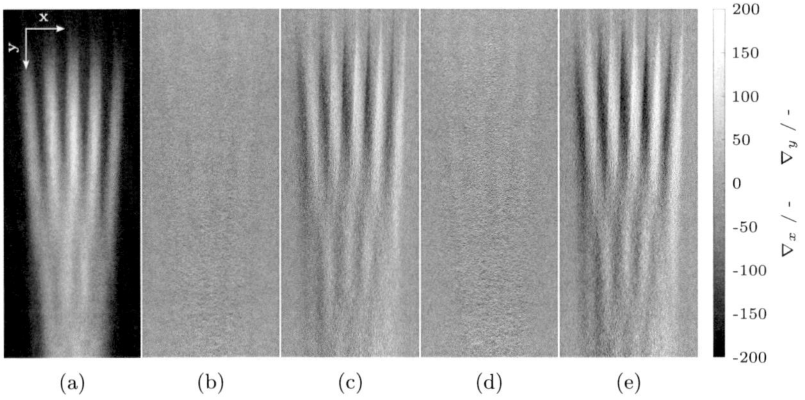

Abbildung 6.42: Übersicht über Messdaten bei einer Sichtweite von 6 m bei Nebel, deren Gradienten über den Prewitt-Operator entlang der y- (∇_y) (b) sowie der x-Achse (∇_x) (c) und dem Sobel-Operator entlang der y- (∇_y) (d) sowie x-Achse (∇_x) (e) berechnet werden. Die hier genutzten Projektionsinformation des Grünkanals (a) enthalten fünf vertikale Linien mit der Breite und dem Abstand von 1,25°.

horizontal, weshalb in dem Fall die Gradienten entlang der y-Achse ∇_y betrachtet werden. Ein gutes Projektionssmuster besitzt hohe Gradientenwerte. Zusätzlich dazu muss die Steigung zwischen der minimalen und maximalen Sichtweite maximal negativ sein, um dem gemessenen Gradienten einen eindeutigen Sichtweitenwert zuordnen zu können.

Durch die hohe Übereinstimmung des LED-Spektrums mit dem Grünkanal wird bei der Auswertung der eingebrachten Struktur auf diesen gesetzt. Das vorausgegangene Unterkapitel 6.5 hat ebenso bereits die im Vergleich zu den anderen Farbkanälen höheren Intensitäten der Streuung dieses Farbkanals gezeigt.

Abbildung 6.43 zeigt die in diesem Zusammenhang genutzten Berechnungsschritte. Die aufgenommenen Bilddaten werden hier von den Verstärkungsfaktoren bereinigt, indem eine Division der Verstärkungsfaktoren je Farbkanal durchgeführt wird. Danach findet eine Filterung über den Gauß-Tiefpassfilter statt, um einen großen Teil der Nebelstruk-

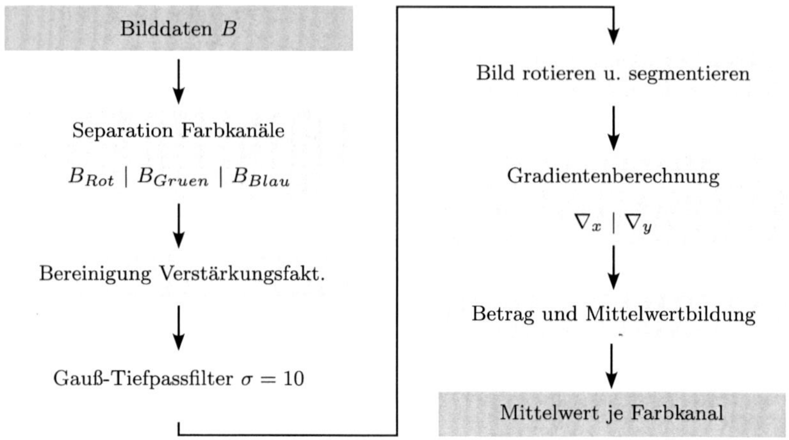

Abbildung 6.43: Bildverarbeitungsverfahren zur Extraktion der eingebrachten Projektionsstruktur.

tur und des Sensorrauschens aus den Daten zu extrahieren. Daraufhin werden die Ausrichtungen der Kameras korrigiert, was im übernächsten Abschnitt erläutert wird. Im Anschluss wird das Bild entsprechend der Abbildungen 6.12 und 6.13 zugeschnitten und die Gradienten berechnet sowie die Beträge der Gradienten gemittelt. Der Mittelwert der Gradienten ermöglicht einen Vergleich der Ausprägung der Projektionsstruktur zwischen den unterschiedlichen Projektionseigenschaften. Wird nachfolgend von den Gradienten ∇_x / ∇_y geschrieben, ist damit immer der Betrag der Gradienten des Grünkanals gemeint.

Durch die Gelenke am Kameramodul und Scheinwerfersystem zur Befestigung und Ausrichtung kommt es, trotz vorheriger Prüfung der Ausrichtung, zu einer minimalen räumlichen Verdrehung. In Abbildung 6.44 (a) sind horizontale Linien in ein Gradientenbild der seitlichen Kamera 2 bei der Sichtweite von 7 m eingezeichnet, um die Verdrehung im Kamerabild zu verdeutlichen. Die Verdrehung wird für die Untersuchung korrigiert. Die Korrektur wird hier vorgenommen, um, wie es die Abbildung 6.42 zeigt, die Projektionsstruktur (c)/(e) und Nebelstruktur (b)/(d) möglichst vollständig voneinander separieren zu können.

Für die Berechnung des optimalen Drehwinkels wird für Kamera 2 angenommen, dass der Mittelwert des Gradienten entlang der x-Achse ∇_x minimal sein soll, da dieser die Nebelstruktur und den generellen Intensitätsverlauf der eingebrachten Struktur enthalten soll. Für die Mittelwertbildung wird der Bereich aus der Abbildung 6.44 (c)/(d) ausgewählt. Der Mittelwert der Gradienten entlang der x-Achse (∇_x) wird in (b) dargestellt. Mögliche Inhomogenitäten der Linienprojektionen werden hier nicht beachtet, weil sie entlang der y-Achse nur in geringem Umfang auftreten (siehe Unterkapitel 5.2).

Um den Drehwinkel nicht nur von einem Projektionsmuster abhängig zu machen und einen möglichst großen Kamera- sowie Ausleuchtbereich abzudecken, werden die Berechnungen für alle Projektionsmuster des Linienabstandes bei der Sichtweite von 7 m wiederholt. Bei dieser geringen Sichtweite ist das SNR zwischen den Linien und der Umgebung am höchsten, weshalb sich die Bilddaten dieser Sichtweite für die Berechnung am besten eignen.

Die Berechnung wir nun so durchgeführt, dass die Bilddaten rotiert werden und im Anschluss die Mittelwerte des in der Abbildung 6.44 (c) (d) eingezeichneten Bereichs gebildet. Die Bilddaten werden in 0,01° Schritten rotiert, um eine möglichst hohe Genauigkeit zu erzielen. Laut der Berechnungen stellen die Drehungen zwischen 4,25° und 5,41° für Kameraperspektive 2 das Optimum dar. Eine Variation kommt durch Inhomogenitäten im Nebel und geringste Abweichungen der optischen Achsen von Kamera und Scheinwerfer zustande. Da die Intensitätsunterschiede der Gradienten nahe des Mittelwertminimums des Drehwinkels gering sind, wird der Mittelwert 4,63° gebildet und für alle folgenden

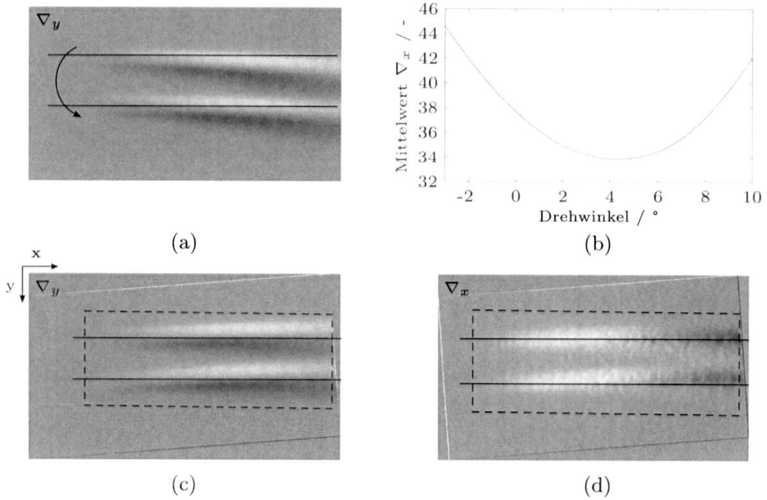

Abbildung 6.44: Die berechneten Gradienten entlang der y-Achse (∇_y) (a) bei 6 m Sichtweite aus Kameraperspektive 2 werden rotiert. Im Diagramm (b) sind die Mittelwerte des Gradienten (∇_x) mit dem Drehwinkel gegenübergestellt. Die gestrichelten Linien stellen den Bereich dar, der aus den Bilddaten geschnitten und für die weitere Berechnungen genutzt wird. Die Skalierung der ∇_y in (a) und (c) sowie der ∇_x in (d) sind für die bessere Visualisierung unterschiedlich gewählt. Die Werte des ∇_x sind geringer als die des ∇_y.

Berechnungen genutzt. Die Rotationswerte der restlichen Projektionen sind der Tabelle A1 im Anhang zu entnehmen.

Für die obere Kamera 1 liegt der Drehwinkel bei 0,32° gegen den Uhrzeigersinn. Im Anhang ist die Tabelle A2 mit den optimalen Drehwinkeln aller Projektionen mit dem Projektionsmuster "Linienabstand"(vgl. Tabelle 6.2) zu finden.

Je nachdem in welchem Bereich die Projektionsstruktur ausgewertet wird, kommt es zu unterschiedlichen Ergebnissen, wie bereits im Unterkapitel 6.4 zu sehen ist. Das führt insbesondere bei einer Projektion mit mehr als einer Linie zu Unterschieden in den Bilddaten. Abbildung 6.45 zeigt das Projektionsmuster aus fünf vertikalen Linien mit einer Breite und einem Abstand von jeweils 1,25°. Die kleine Austrittsfläche des Scheinwerfermoduls (50 x 50 mm) sorgt dafür, dass sich die Streuungen der im Luft-Bereich dicht beieinander liegenden Projektionslinien durch die Streuung in alle Raumrichtungen des Streupartikels sowie der Mehrfachstreuung gegenseitig überlagern. Im Luft-Boden-Bereich befinden sich die Linien weiter auseinander, was eine geringere Überlagerung der Streuung in der Luft zur Folge hat. Zusätzlich dazu reflektieren die Linien am Boden, was die Streuung durch Überlagerung erhöht. Das hat zur Folge, dass die Streuung im Luft-Boden-Bereich stärker vom Boden abhängen wird, was sich im Unterkapitel 6.4 bereits bei den Intensitäten der Streuung angedeutet hat. Die Überlagerung im Luft-Boden-Bereich spielt insbesondere bei der Projektion von mehr als einer Linie eine Rolle, was die nachfolgende Untersuchungen zeigen werden.

In den nachfolgenden Unterkapiteln werden die Messdaten über Diagramme visuell dargestellt und markante Punkte im Text genannt. Es finden sich zudem Tabellen mit den Messpunkten im Anhang. Danach folgt jeweils eine Beschreibung der Messwerte mit einer anschließenden Einordnung auf die Aussage für das Scheinwerfersystem sowie der Kamera.

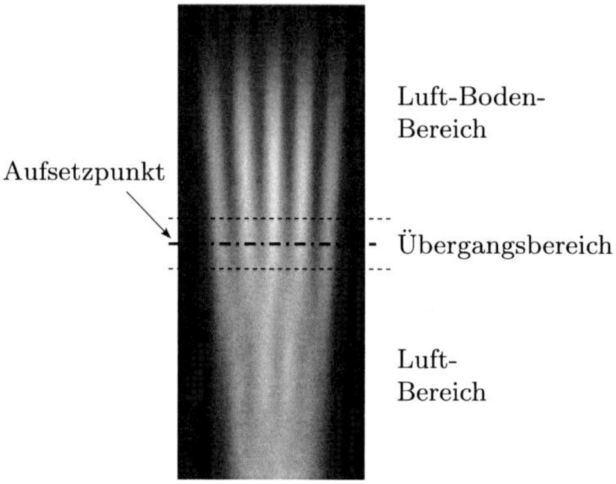

Abbildung 6.45: Streuung der eingebrachten Projektionsstruktur im Luft-, Luft-Boden- und Übergangsbereich aus Sicht der Kamera 1 (Grünkanal).

6.6.1 LINIENBREITE

Nachfolgend wird der Effekt der Linienbreite auf die Projektionsstruktur untersucht. Wie zuvor erläutert, wird dafür entsprechend der Abbildung 6.43 der Mittelwert der Gradienten gebildet. Ist der Wert maximal, wird in den Nebel das Maximum an Projektionsstruktur eingebracht.

Es werden mehrere Effekte bei der Zunahme der Linienbreite erwartet, die zu einem Anstieg des Mittelwertes der Gradienten führen:

1. **Mehrfachstreuung**: Die Mehrfachstreuung im Nebel führt dazu, dass eine schmale Linie bei geringen Sichtweiten im Kamerabild nahezu nicht sichtbar wird. Nimmt die Linienbreite zu, so steigen der eingebrachte Lichtstrom sowie die Größe des Lichtkegels an, sodass die Projektionslinie trotz Mehrfachstreuung sichtbar wird. Der Effekt unterliegt dem Bouguer-Lambert-Gesetz, weshalb ein nicht-linearer Verlauf der Strukturzunahme zur Linienbreite erwartet wird.

2. **Nebelstruktur**: Die Nebelstrukturen aus dem Unterkapitel 6.5 können sich bei Zunahme der Linienbreite in einem größeren Bereich im Kamerabild ausprägen, da die Streuung in einem größeren Nebelvolumen beziehungsweise Lichtkegel stattfindet. Bei der Annahme, dass die Struktur homogen im Nebelvolumen verteilt ist, ist ein nahezu linearer Einfluss zu erwarten.

3. **Inhomogenität**: Die Inhomogenität der Scheinwerferprojektion (vgl. Unterkapitel 5.2) kann im Nebelvolumen zu Intensitätsveränderungen der Streuungen führen. Da sich die Intensität im Ausleuchtbereich von +/- 3,00° nahezu nicht verändert, wird auch hier ein annähernd linearer Effekt bei Zunahme der Linienbreite bis zu 6,00° vermutet.

Generell zeigen sich im Luft-Boden- sowie Übergangsbereich die lokal höchsten Intensitäten und somit Gradienten (vgl. Abbildung 6.46), daher eignet sich dieser Bereich für die Erfassung der Sichtweiten potenziell am besten. Die unterschiedlichen maximalen Intensitätswerte der beiden Diagramme wiederum hängen mit der Wahl der Größen des Luft-, Luft-Boden- und Übergangsbereiches zusammen. In der Abbildung sind die Intensitäts- und Gradientenwerte einer 1,25° breiten Linie dargestellt.

Abbildung 6.47 zeigt von eben diesem Luft-Bereich der Kamera 1 die Mittelwerte der Intensitäten, die entlang der y-Achse gebildet wurden. Bis auf die ersten beiden Linienbreiten nimmt die Linie jeweils um ungefähr 0,31° an Breite zu. Es ist ein Anstieg des Intensitätsniveaus bei Zunahme der Linienbreite zu erkennen, was vermuten lässt, dass die Gradienten, also die in den Nebel projizierte Struktur, bei jeder Zunahme der Linienbreite ansteigt und sich kein lokales Maximum einstellt. Der Abbildung ist ebenfalls zu entnehmen, dass zwischen der Zunahme der Linienbreite und der Ausbildung des Intensitätsniveaus kein linearer Zusammenhang besteht.

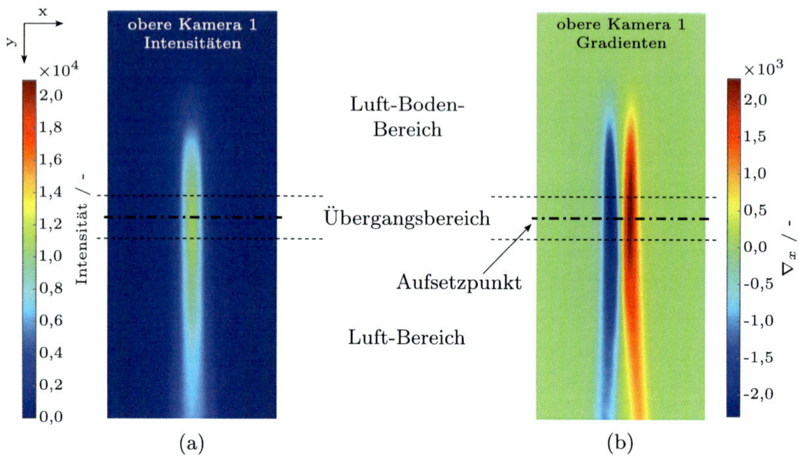

Abbildung 6.46: Matrizen der (a) Intensitäten und der (b) Gradienten einer vertikalen Linine mit der Linienbreite von 1,25° des Grünkanals der oberen Kamera 1 in Falschfarben dargestellt. Die Sichtweite beträgt 7 m.

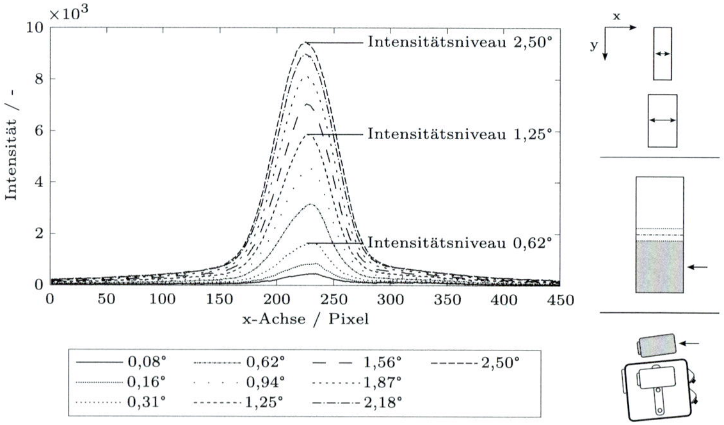

Abbildung 6.47: Mittelwerte der Intensitäten entlang der y-Achse im Luft-Bereich der oberen Kamera 1 bei unterschiedlichen Linienbreiten und der Sichtweite 7 m.

Die Mittelwerte vom ∇_x der oberen Kamera 1 in Abbildung 6.48 zeigen bei einer Sichtweite von 7 m bis zu einer Linienbreite von 2,50° einen nahezu linearen Anstieg. Je breiter eine Linie, umso mehr Struktur bringt sie demnach in den Luft-Bereich ein. Das ist der Effekt, der nach der Abbildung 6.47 zu erwarten ist. Gleiches kann man der Tabelle A3 entnehmen, wobei hier die Linienbreite von 1,25° als 100 % angenommen wird. Die Verdoppelung der Linienbreite von 0,62° auf 1,25° bewirkt bei Sichtweiten von 7 m eine Steigerung des Mittelwertes von ∇_x von 89 % (0,62°: 99,2; 1,25°: 187,2). Eine Verdoppelung von 1,25° auf 2,50° bewirkt eine Steigerung von 66 % (1,25°: 187,2; 2,50°: 310,4). Bei Sichtweiten von 100 m bewirkt die Verdoppelung der Linienbreite von 0,62° auf 1,25° eine Steigerung des Mittelwertes von 92 % (0,62°: 27,4; 1,25°: 52,5), die Verdoppelung von 1,25° auf 2,50° von 66 % (1,25°: 52,5; 2,50°: 86,9).

Linien mit einer zu geringen Breite sind somit insbesondere bei geringen Sichtweiten von Nachteil. Projektionslinien mit Breiten von 1,50° und größer sind somit sowohl bei der Erfassung von geringen als auch von hohen Sichtweiten vorteilhaft. Zudem nimmt der Mittelwerte vom ∇_x, bei jeder Zunahme der Linienbreite weniger stark zu.

Bei der Auswertung des Luft-Boden- sowie Übergangsbereichs in Abbildung 6.49 zeigt sich ein anderes Bild. Die Zunahme des Mittelwertes von ∇_x weicht von der Proportionalität zur Linienbreite stärker ab. Bei einer Linienbreite von 2,50° scheint sich ein Maximalwert einzustellen, bei dem die Erhöhung der Linienbreite nur noch einen minimalen Effekt zur Folge hat. Dadurch, dass die Projektion in diesem Bereich auf dem Boden auftrifft, besitzt die eingebrachte Projektionsstruktur im Nebel durch die Überlagerung mit der Bodenreflexion stärkere Konturen. Das führt dazu, dass sich hier das Intensitätsniveau, was Abbildung 6.47 für den Luft-Bereich zeigt, ab 2,50° Breite nicht weiter erhöht. Bei Sichtweiten größer 100 m scheint sich bei ca. 1,25° Breite kein nennenswerter Unterschied der Gradienten bei zunehmender Linienbreite zu zeigen. Demnach liegt die optimale Linienbreite bei 2,50°.

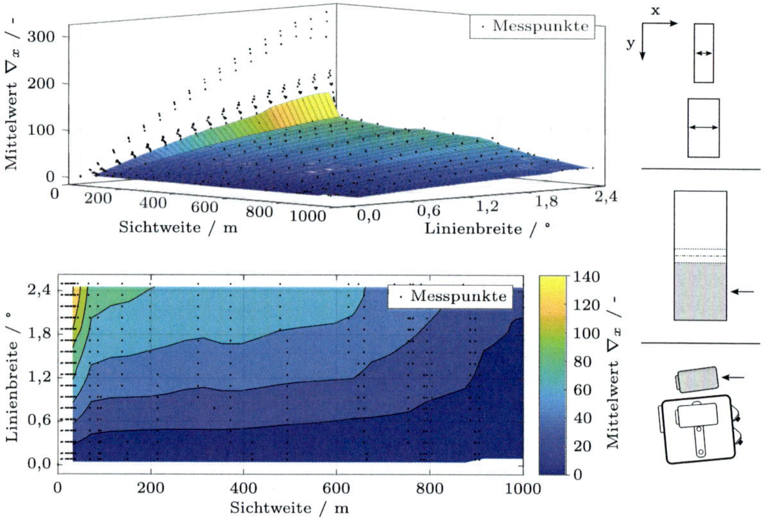

Abbildung 6.48: Der Graph zeigt die Messpunkte der Mittelwerte der Gradienten des Luft-Bereiches entlang der x-Achse über die Sichtweite und die Linienbreite aus der Kameraperspektive 1. Die Werte werden linear interpoliert, um den dreidimensionalen Verlauf darzustellen.

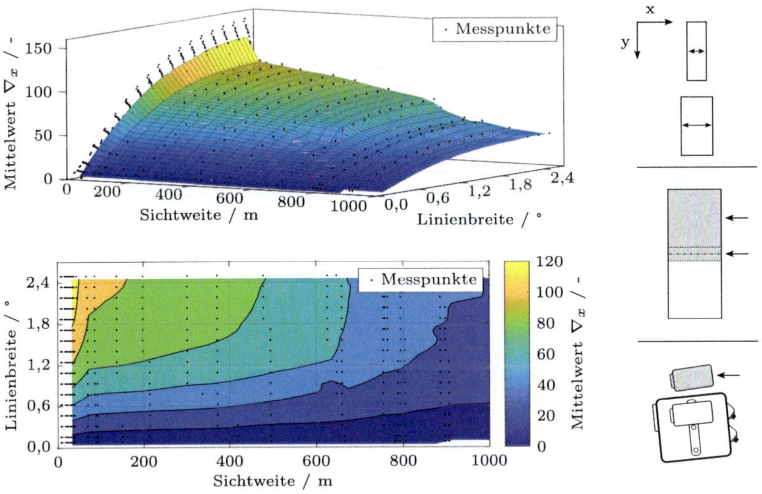

Abbildung 6.49: Der Graph zeigt die Messpunkte der Mittelwerte der Gradienten des Luft-Boden- und Übergangsbereiches entlang der x-Achse über die Sichtweite und die Linienbreite aus der Kameraperspektive 1. Die Werte werden linear interpoliert, um den dreidimensionalen Verlauf darzustellen.

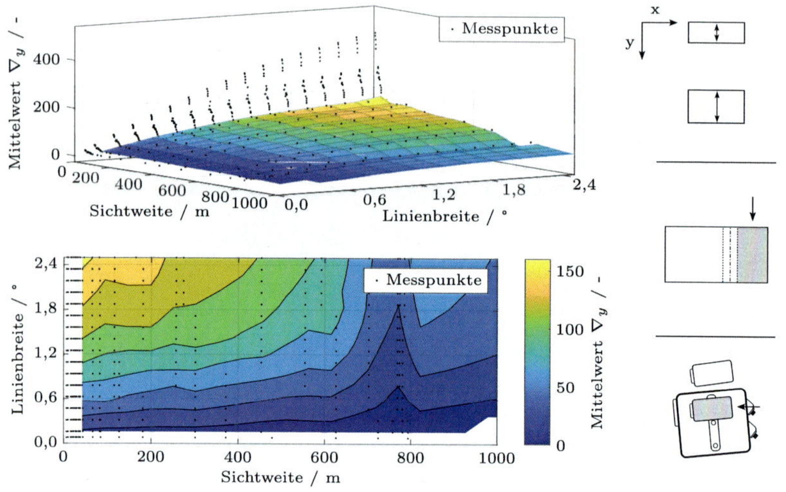

Abbildung 6.50: Der Graph zeigt die Messpunkte der Mittelwerte der Gradienten des Luft-Bereiches entlang der y-Achse über die Sichtweite und die Linienbreite aus der Kameraperspektive 2. Die Werte werden linear interpoliert, um den dreidimensionalen Verlauf darzustellen.

Für die Kameraperspektive 2 zeigt sich das gleiche Bild. Auch hier bringt die Verbreiterung der Linienprojektion eine Steigerung der Gradienten mit sich. Im Luft-Bereich in Abbildung 6.50 stellt sich aus den zuvor erläuterten Gründen ebenfalls kein Maximum ein, im Luft-Boden sowie Übergangsbereich in Abbildung 6.51 allerdings ebenfalls bei 2,50°. Die höhere Brennweite des Kameraobjektives und die gerichtete Reflexion am Boden werden die Gründe dafür sein, weshalb die Intensitäten aus dieser Kameraperspektive am höchsten sind.

Aus der Untersuchungen lassen sich die folgenden Erkenntnisse ziehen:

1. **Unterschiede Betrachtungsbereiche**: Die Projektion weist im Luft-Bereich nahe des Scheinwerfers durch die Streuung in der Luft vergleichsweise geringe Gradienten durch die Kanten der Schein-

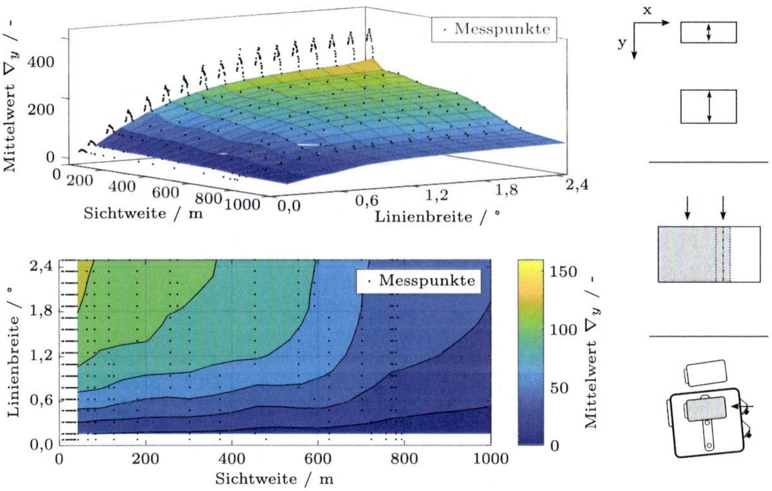

Abbildung 6.51: Der Graph zeigt die Messpunkte der Mittelwerte der Gradienten des Luft-Boden und Übergangsbereiches entlang der y-Achse über die Sichtweite und die Linienbreite aus der Kameraperspektive 2. Die Werte werden linear interpoliert, um den dreidimensionalen Verlauf darzustellen.

werferprojektion auf. Das sorgt dafür, dass die Erhöhung der Linienbreite durchgehend für eine Erhöhung der Mittelwerte sorgt und keine klare Aussage zu der optimalen Linienbreite getroffen werden kann.

2. **Optimale Linienbreite**: Im Luft-Boden- und Übergangsbereich beträgt die optimale Linienbreite 2,50°.

Für die Erfassung von Sichtweiten eignet sich hier nach eine 2,50° breite Linie oder breiter am besten. Für den Einsatz im Fahrzeug würde das bedeuten, dass für die Linienprojektion auch Scheinwerfermodule wie das HD84 der HELLA GmbH & Co. KGaA genutzt werden können und beispielsweise keine DLP-Technologie nötig ist.

6.6.2 LINIENABSTAND

Nachdem die optimale Breite eines Projektionsmusters untersucht wurde, ist nachfolgend das Thema, welchen Abstand die Linien zueinander besitzen müssen. Berücksichtigt man aktuelle Lichtassistenten, wie den Optical Lane Assistant (OLA) der HELLA GmbH & Co. KGaA, der über die Projektion von zwei parallelen Linien die Fahrzeugbreite andeutet, ist zu untersuchen, ob sich dieser bereits zur Verbesserung der Sichtweitenerfassung eignet. Folgende Effekte werden erwartet:

1. **Überlagerung**: Die Überlagerung der Streuung der beiden projizierten Linien bei einem zu geringen Abstand führt zu einer Abschwächung der eingebrachten Projektionsstruktur. Grund dafür sind geringere Gradienten, da sich die Ränder der Projektion nicht vollständig ausbilden können.

2. **Untergrundreflexion**: Durch die Erhöhung der Linienanzahl werden durch die Untergrundreflexion insbesondere im Luft-Boden-

sowie Übergangsbereich höhere Gradienten erwartet. Der Untergrund stellt die einzelnen Linien stärker heraus und wird für eine besonders starke Ausprägung der Projektionsränder sorgen.

3. **Hohe Sichtweiten**: Durch die Abnahme der Mehrfachstreuung bei höheren Sichtweiten, könnten die zwei projizierten Linien bei der Erfassung selbiger Vorteile gegenüber einer einzelnen mit sich bringen. Durch die Untergrundreflexion wird die Streuung im Nebel und somit die Ausprägung der Linien verstärkt.

Die Linienbreite wird für diese Untersuchung auf 1,25° festgelegt, damit pro Linie ein möglichst hoher Lichtstrom in den Nebel eingebracht wird und gleichzeitig ein möglichst geringer Winkelbereich, aufgrund des begrenzten Gesamtöffnungswinkels des Scheinwerfers, eingenommen wird. Eine breitere Linie würde einen höheren Lichtstrom in den Nebel einbringen, was zu einer erhöhten Mehrfachstreuung und somit breiteren Linienprojektion führen würde. Demzufolge müsste sich der Linienabstand bei einer breiteren Linie leicht erhöhen, was nachfolgend anhand der Messdaten diskutiert wird.

Abbildung 6.52 zeigt zwei Intensitätsverteilungen des Grünkanals in Falschfarben von einer einzelnen Linie mit 2,50° Breite (a) sowie zwei Linien mit jeweils 1,25° Breite und einem Abstand von 0,63° (b). Die Sichtweite beträgt jeweils 7 m. Da hier in (b) eine zweite Linie zum Einsatz kommt, spielt die Überlagerung der Streuungen beider Linien für den optimalen Linienabstand eine Rolle. Durch den geringen räumlichen Abstand im Luft-Bereich, aufgrund der kleinen Lichtaustrittsfläche (50 × 50 mm), kommt es zu einer starken Überlagerung. Erst im Luft-Boden-Bereich können sich die beiden Linien einzeln ausbilden. Ein Effekt der bei der Projektion von jeweils einer Linie je Scheinwerfer eines Fahrzeuges umgangen werden kann. Ebenso ist zu erkennen, dass die Intensitäten der 2,50° breiten Linie (a) im Vergleich zu den in Summe gleich breiten Linien (b) abgesenkt sind.

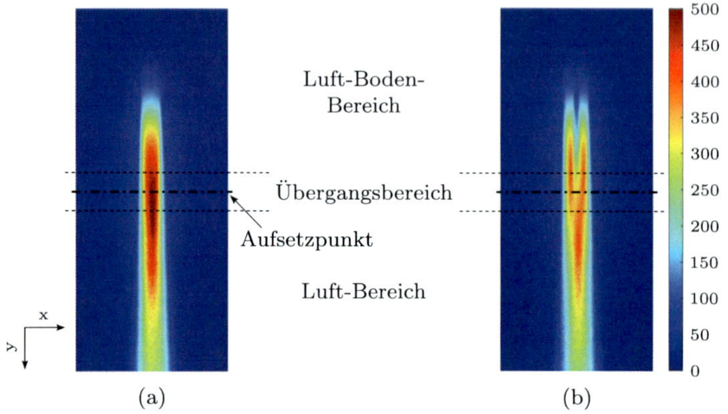

Abbildung 6.52: Intensitätsverteilungen in Falschfarben von einer 2,50° breiten (a) und zwei 1,25° breiten Linien mit einem Abstand zueinander von 0,63° (b). Zu sehen ist der Grünkanal bei 7 m Sichtweite.

In den Messdaten des Luft-Bereiches in Abbildung 6.53 zeigt sich insgesamt der Verlauf nach dem Bouguer-Lambert-Gesetz (vgl. Unterkapitel 2.2.1), welcher im Bereich des minimalen Linienabstandes über die Linie mit großer Linienstärke angedeutet ist. Ebenso zeigt sich der Effekt der Überlagerung des beiden Linien insbesondere bei minimalen Sichtweiten. Durch die abnehmende Überlagerung der Streuung bei geringen Linienabständen kommt es durch das gesenkte Intensitätsniveau zu einem Abfall des Mittelwertes vom ∇_x (vgl. Abbildung 6.52). Die Werte in der Tabelle A7 zeigen, dass der Mittelwert der einzelnen Breiten Linie von 2,50° (2 x 1,25° breite Linien) bei 7 m Sichtweite selbst beim hier gezeigten optimalen Linienabstand von 6,24° nur zu 96 % vom Ursprungswert erreichen (1x2,50°: 310,4; 2x1,25°: 296,6). Das kann mehrere Gründe haben:

1. **Inhomogene Lichtverteilung**: Die Scheinwerferlichtverteilung ist bauartbedingt inhomogen. Die Lichtstärke fällt zu den Rändern ab und führt somit auch zu weniger Lichtstärke der Projektion bei

größeren Linienabständen. Im Zentrum, also bis 3,00° Abstand, ist der Effekt geringer ausgeprägt.

2. **Perspektivische Verdrehung**: Die Projektion verdreht sich aus Perspektive der Kamera minimal, da die optischen Achsen der Kamera und des Lichtaustritts vom Scheinwerfer nicht vollständig übereinander liegen.

3. **Veränderung Scheinwerferauflösung**: Die Winkelauflösung des Scheinwerfers nimmt zu den Rändern des gesamten Ausleuchtbereiches des Moduls leicht ab, was dafür sorgt, dass die Linien zu den Rändern breiter werden. Dadurch sinkt ebenfalls die Lichtstärke.

4. **Objektivverzerrung**: Das Objektiv der Kamera kann die Linienprojektion verzerren. Im Falle der hier genutzten Kameraobjektive gibt es laut Hersteller keine Verzerrung, daher ist der Einfluss nicht vorhanden oder bei minimaler Verzerrung ebenso minimal.

Selbst wenn alle der Gründe eliminiert werden würden, wäre im Luft-Bereich mit der Projektion von zwei Linien maximal ein ähnlicher Mittelwert vom ∇_x wie bei der Projektion einer einzelnen breiten Linien zu erwarten. Neben dem Fakt, dass durch den großen Linienabstand ein größerer Winkelbereich genutzt werden müsste, wäre fraglich, ob das den Aufwand der Linienprojektion (höhere Scheinwerferauflösung) hier nach rechtfertigen würde. Eine einzelne breite Linie ist hier also überlegen. Hiernach wird für die Sichtweitenerfassung also keine hohe Winkelauflösung der Scheinwerfer benötigt.

Der Luft-Boden- und Übergangsbereich in Abbildung 6.54 erfährt durch die Linienabstände eine stärkere Veränderung. Der Mittelwert der Gradienten (∇_x) ist hier bei rund 2,50° Abstand maximal. Wie zuvor erwähnt zeigt sich hier die hohe Schärfe durch die Projektion auf den Untergrund. Eine Verschlechterung durch eine diffuse Streuung an selbigen ist hier

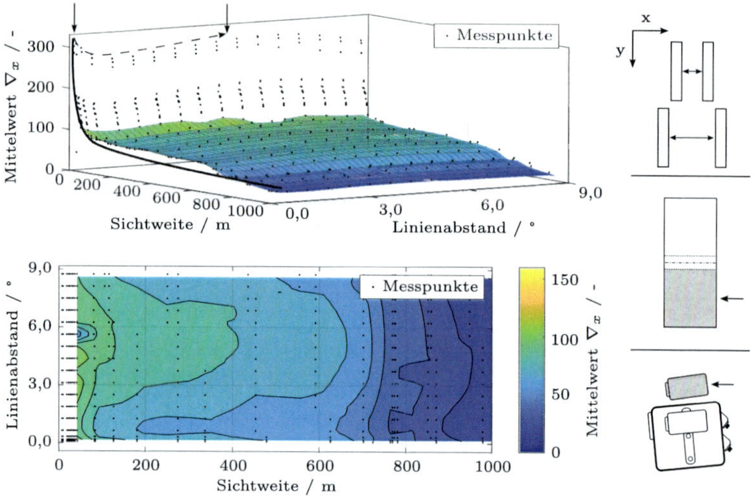

Abbildung 6.53: Der Mittelwert des Gradient über die Sichtweite und den Linienabstand im Luft-Bereich auf Perspektive der oberen Kamera 1 von zwei 1,25° breiten Linien. Die Linien mit hoher Stärke deutet die Gesetzmäßigkeit des Bouguer-Lambert-Gesetzes über den Extinktionskoeffizienten über die Sichtweite aus der Formel 6.1 an.

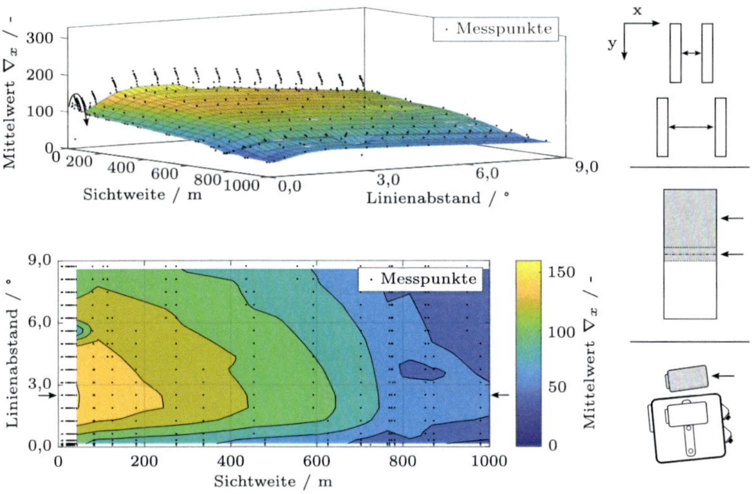

Abbildung 6.54: Der Mittelwert des Gradienten über die Sichtweite und den Linienabstand im Luft-Boden-Bereich aufgezeichnet mit der Kamera 1.

nicht zu erkennen, wobei die Abbildung 6.25 und das Unterkapitel 2.1.5 eine ebenso vorliegende gerichtete Streuung aufzeigen, die für eine Verstärkung der Gradienten in Richtung der Strahlungsquelle sorgen sollte. Die Verläufe der Mittelwerte vom ∇_x weichen jeweils stark von dem des Bouguer-Lambert-Gesetzes ab, da hier die Reflexion am Untergrund die Streuung im Nebel beeinflusst. Durch die Zunahme der Sichtweite wird die Projektion auf dem Untergrund in höheren Entfernungen zum Scheinwerfer auf dem Boden für die Kamera erfassbar. Durch die größere Entfernung der Projektionslinien zur Kamera kommt es beim Anstieg der Sichtweite, beginnend bei 7 m über die Sichtweite bis 22 m, zu einem Anstieg des Mittelwertes vom ∇_x.

Bei einer geringen Sichtweite von 18 m sorgt die Projektion von zwei Linien mit einer Breite von 1,25° im Vergleich zu einer einzelnen für einen Anstieg vom Gradienten ∇_x von 76 % (1x1,25°: 115,5; 2x1,25°: 203,4) bei einem Abstand von 2,50°. Die einzelne Linie mit einer Breite von 2,50° sorgt lediglich für einen Anstieg von 32 % (1x1,25°: 115,5; 2x1,25°: 151,9). Bei einer Sichtweite von 100 m steigt der Zugewinn am Mittelwert vom ∇_x durch die Projektion von zwei Linien auf 83 % (82,6 zu 151,5) an, wohingegen der Zugewinn einer einzelnen 2,50° breiten Linie lediglich bei 24 % (1x1,25°: 82,6; 1x2,50°: 102,1) liegt. Das bedeutet, dass bei hohen Sichtweiten durch die Verdoppelung der projizierten Linien zusätzliche Steigerungen der Gradienten erzielt werden können. Darüber hinaus steigt die Differenz zwischen dem Mittelwert des Gradienten entlang der Sichtweite von der hier minimalen zur maximalen Sichtweite von 112,1 (151,9 - 39,8; 2,50° Linienbreite) um 26 % auf 140,8 (62,6 - 203,4; Linienabstand 2,50°) an, wodurch eine erleichterte Zuordnung vom Mittelwert zur Sichtweite möglicht ist. Für die Optimierung des Projektionsmusters bedeutet das, dass im Luft-Boden sowie Übergangsbereich der Kamera 1 die Verdoppelung der Linien für eine Steigerung der eingebrachten Projektionsstruktur sorgen. Ein hochaufgelöster Scheinwerfer sorgt also für Verbesserungen bei der Sichtweitenerfassung.

Aus der Kameraperspektive 2 zeichnet sich in der Abbildung 6.55 ein ähnliches Bild wie bei der Betrachtung des Luft-Bereichs der Kamera 1 ab. Die Gradienten fallen bei zunehmendem Linienabstand und steigen ab einem Abstand von 1,25° erneut an. Die Linienabstände zwischen 2,50° und 3,12° stellen sich als Optimum heraus. Im Vergleich zu einer einzelnen 2,50° breiten Linie liegen die Gradienten ∇_x um ungefähr 7 % darüber (1x2,50°: 429,8; 2x1,25°: 458,3). Die Verläufe über die Sichtweite entsprechen auch hier annähernd dem, was durch das Bouguer-Lambert-Gesetz beschrieben wird. Die Differenz zwischen der minimalen und maximalen Sichtweite steigt auch hier um 10 % an (1x2,50°: 369,4; 2x1,25°: 405,7) und ermöglicht so eine vereinfachte Zuordnung der Projektionsstruktur zur Sichtweite.

Schaut man sich in Abbildung 6.56 und Tabelle A10 die Gradienten des Luft-Boden- sowie Übergangsbereichs aus Kameraperspektive 2

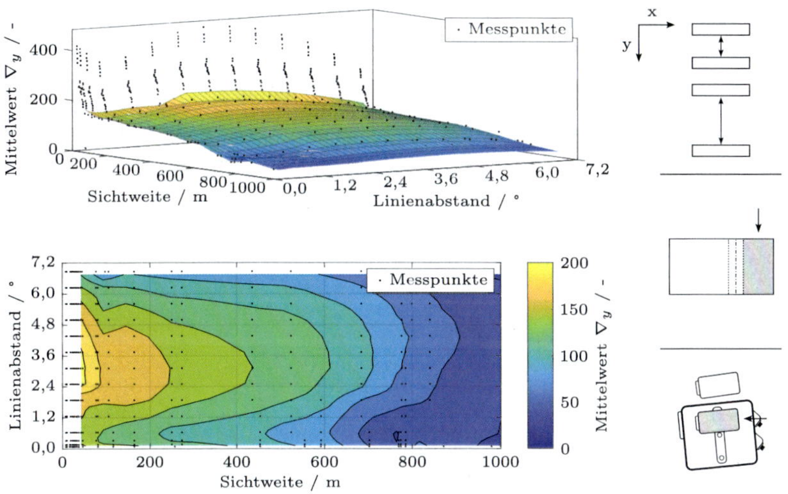

Abbildung 6.55: Gradienten im Luft-Bereich des Grünkanals der seitlichen Kamera 2 bei unterschiedlichen Linienabständen und Sichtweiten.

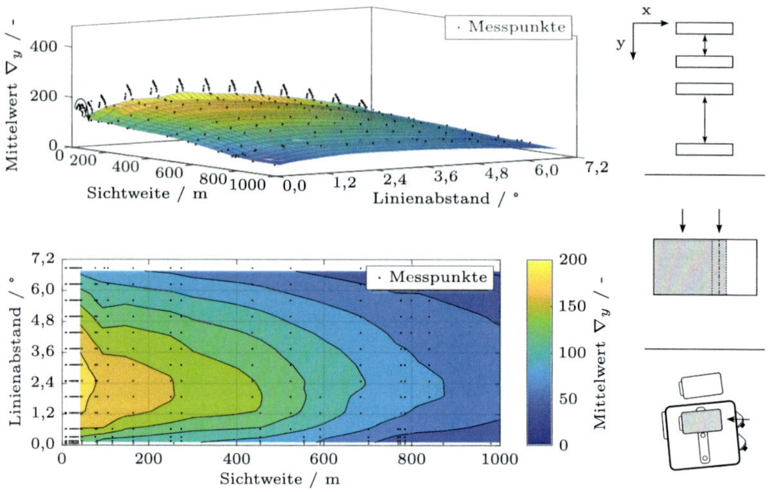

Abbildung 6.56: Die Mittelwerte der Y-Gradienten des Grünkanals bei unterschiedlichen Linienabständen im Luft-Boden-Bereich der seitlichen Kamera 2.

an, deutet sich hier abermals der optimale Linienabstand durch das Maximum bei 2,50°/3,12° an. Die Erhöhung der Gradienten durch die Struktur beträgt, durch die Verdoppelung der Projektionslinien, bei 7 m Sichtweite rund 63 % (1x1,25°: 152,0 ;2x1,25°: 248,0). Auch hier führt, wie schon bei der Kamera 1 bei minimalen Sichtweiten zwischen 7 und 22 m, die Zunahme der Sichtweite zu einer Zunahme des Mittelwertes vom Gradienten ∇_y. Darüber hinaus fällt der Mittelwert abermals ab. Vergleicht man nun die Projektion von zwei Linien mit denen einer einzelnen, so erwirkt man hier eine Zugewinn der Gradienten von 137 % (1x1,25°: 180,4; 2x1,25°: 248,0). Die Differenz zwischen der minimalen und maximalen Sichtweite steigt um 28 % an (1x1,25°: 137,7; 2x1,25°: 176,1).

Um die Ergebnisse der beiden Kameraperspektiven und Objektivkonfigurationen zu verbinden zeigt Abbildung 6.57 die Gradientenmatritzen

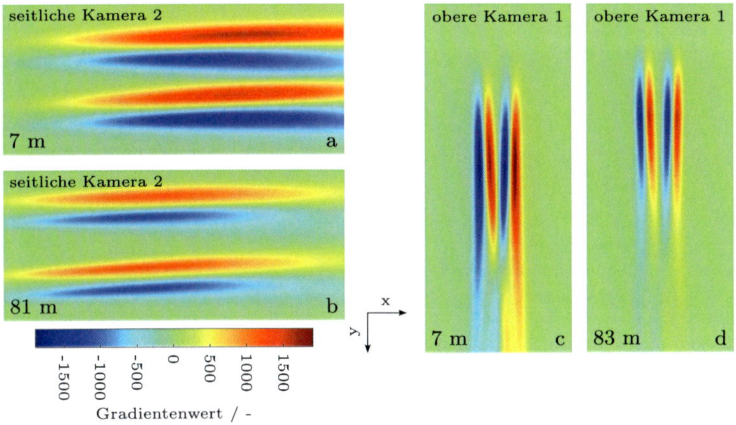

Abbildung 6.57: Gradientenmatrizen der Kamera 2 (a) und Kamera 1 (c) bei jeweils 7 m sowie der Kamera 2 bei 81 m (b) und der Kamera 1 bei 83 m (d) Sichtweite.

aus beiden Kameraperspektiven. Die Bilddaten beider Kameras enthalten ähnliche Gradientenwerte. Die höhere Brennweite der Kamera 2 sorgt dafür, dass sich die Projektionsränder über eine größere Anzahl an Pixelwerte erstrecken, weshalb die Gradientenwerte geringer, jedoch in ihrer Anzahl höher sind. Das sorgt für einen geringeren Einfluss durch das Sensorrauschen, hat aber ansonsten keinen offensichtlichen Vorteil.

Für die optimale Linienprojektion eignet sich der Linienabstand, unabhängig von der gewählten Kameraperspektive, zwischen 2,50° und 3,12° am besten. Er liefert in beiden Fällen die höchsten Gradientenwerte. Zudem zeigt die Verdoppelung der Projektionslinien insbesondere bei höheren Sichtweiten einen größeren Effekt und erleichtert durch die höheren Gradientenwerte die Bestimmung eines Sichtweitenwertes.

6.6.3 LINIENANZAHL

Wie die vorausgegangenen Unterkapitel bereits gezeigt haben, gibt es je nach Projektionseigenschaft deutliche Unterschiede bei der Erfassung von Sichtweiten über deren eingebrachte Projektionsstruktur. Die Unterschiede treten sowohl generell als auch bei unterschiedlichen Sichtweiten auf. Nachfolgend geht es nun um das Thema, ob die Steigerung der Komplexität über die Erhöhung der Linienanzahl zu einer Verbesserung führt beziehungsweise welche Effekte sich einstellen und ob sich einfache Muster besser zur Sichtweitenerfassung eignen. Der Ausleuchtbereich ist dabei auf das Maximum des hier genutzten Scheinwerfers von horizontal 15,00° und vertikale 10,00° beschränkt. In diesen Bereich soll nun untersucht werden, wie hier das Maximum an Projektionsstruktur eingebracht werden kann, um die Sichtweitenerfassung möglichst genau und robust zu gestalten.

Die für die Untersuchung genutzten Muster zeigt die Tabelle 6.2. Es handelt sich um jeweils 1,25° breite Linien mit einem Abstand von 1,25°. Auch hier wurde, wie schon im Unterkapitel 6.6.2, ein Kompromiss aus dem eingebrachten Lichtstrom je Linie sowie einer möglichst hohen Linienanzahl gewählt. Bei der Untersuchung gibt es einige Erwartungen:

1. **Lichtstrom**: Die Erhöhung des eingebrachten Lichtstroms lässt, wie bereits im Unterkapitel 6.6.1, erwarten, dass es insbesondere im Luft-Bereich zu einer Steigerung der eingebrachten Projektionsstruktur kommt.
2. **Überlagerung**: Die Überlagerung durch die Mehrfachstreuung der einzelnen Projektionslinien wird dafür sorgen, dass es insbesondere im Luft-Bereich und bei geringen Sichtweiten zu starken Überlagerungen kommt. Das wird zu einem Abfall der Projektionsstruktur führen.

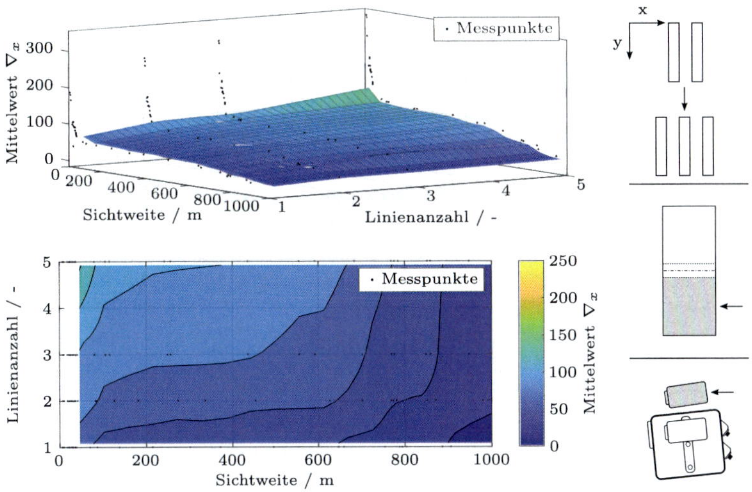

Abbildung 6.58: Die Mittelwerte der ∇_x des Grünkanals bei unterschiedlichen Linienanzahlen im Luft-Bereich der oberen Kamera 1.

3. **Höhere Sichtweiten**: Die Projektion einer komplexeren Struktur wird vermutlich insbesondere bei höheren Sichtweiten Vorteile mit sich bringen und die Erfassung durch die höheren Gradienten in den Bilddaten vereinfachen. Das ist das ähnliche Verhalten, wie es sich bereits bei der Untersuchung des Linienabstandes gezeigt hat.

Die Abbildung 6.58 zeigt die Mittelwerte des ∇_x der oberen Kamera 1. Zu erkennen ist ein Anstieg bei wachsender Linienanzahl. Das wird der Erhöhung des Lichtstromes geschuldet sein.

Den größten Zugewinn bei 7 m Sichtweite von 42 % (1x1,25°: 187,2; 2x1,25°: 265,6) bewirkt die Verdoppelung der Linien von einer auf zwei. Die weitere Erhöhung bringt ebenfalls eine Erhöhung mit sich, fallen jedoch mit zusätzlichen +17 % (2x1,25°: 265,6; 3x1,25°: 297,6) beziehungsweise +22 % (3x1,25°: 297,6; 5x1,25°: 338,2) geringer aus. Bei höheren Sichtweiten von beispielsweise 100 m wächst, wie erwartet, der Effekt

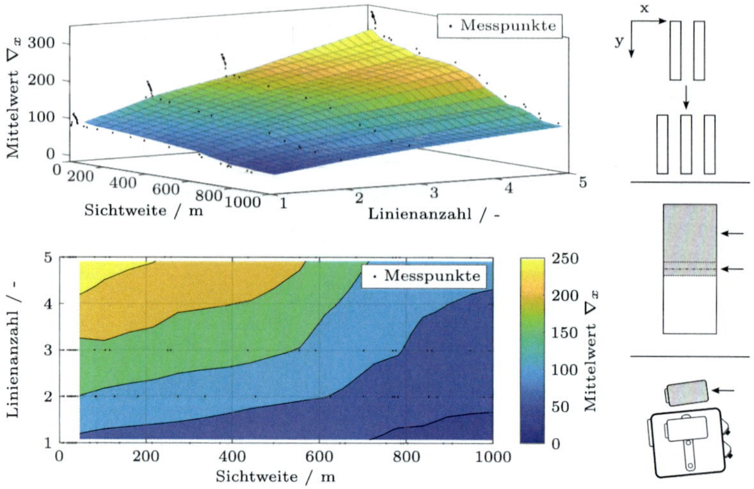

Abbildung 6.59: Die Mittelwerte der ∇_x des Grünkanals bei unterschiedlichen Linienanzahlen im Luft-Boden sowie Übergangsbereich der oberen Kamera 1.

der Erhöhung der Linienanzahl. Die Differenz des Mittelwertes von ∇_x von der minimalen zur maximalen Sichtweite ist hier mit 306,5 (5x1,25°) im Vergleich zu den anderen Projektionen wie zum Beispiel der Projektion einer Linie (= 173,2) am höchsten, dementsprechend die Zuordnung des Gradienten zur Sichtweite am einfachsten. Den Messdaten zur Folge wäre eine Projektion mit vielen Linien von Vorteil. Es ist hierbei jedoch davon auszugehen, dass sich hier im Luft-Bereich der Effekt der Steigerung des Lichtstroms zeigt.

Im Luft-Boden- und Übergangsbereich in Abbildung 6.59 sieht das Bild anders aus. Die Steigerung der Linienanzahl hat hier einen deutlich höheren Effekt.

Sowohl bei niedrigen als auch hohen Sichtweiten bewirkt jede zusätzliche Linie über 60 % (1x1,25°: 112,6; 2x1,25°: 187,1; 3x1,25°: 245,7; 5x1,25°: 331,5) an Zugewinn des Mittelwertes des Gradienten ∇_x. Die Differenz

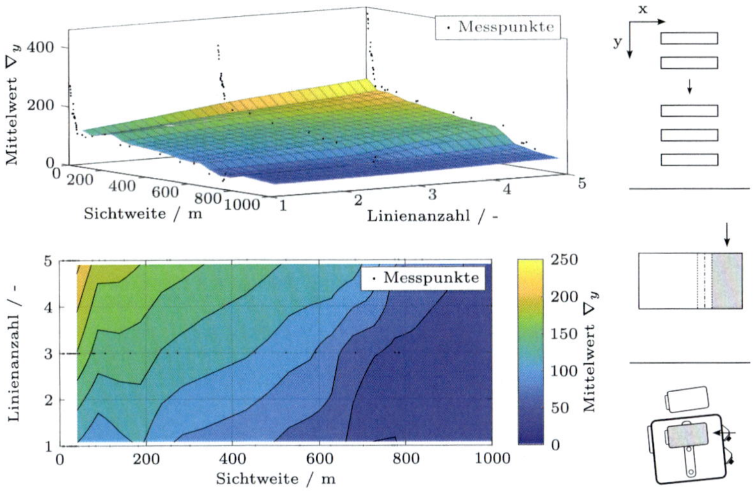

Abbildung 6.60: Mittelwert des Gradienten im Luft-Bereich der Linienprojektionen mit einer bis hin zu drei 1,25° breiten Linien aus der seitlichen Kameraperspektive 2.

des Mittelwertes von ∇_x zwischen der Sichtweite 18 m und 1000 m ist auch hier bei der Projektion der fünf Linien am höchsten (1x1,25°: 80,0; 5x1,25°: 222,5). Dem Diagramm lässt sich ebenso entnehmen, dass der Effekt durch die Erhöhung der Linienanzahl in diesem Projektionsbereich im Vergleich zum Luft-Bereich einen deutlich höheren positiven Effekt hat. Die Steigerung der Anzahl an projizierten Linien hat hier also einen positiveren Effekt für die Sichtweitenerfassung. Die Nutzung von hochauflösenden Scheinwerfern bringt hiernach in diesem Messbereich erhebliche Vorteile für eben diese Aufgabe mit.

Vergleicht man die Ergebnisse mit der Kameraperspektive 2 und den Luft-Bereich in Abbildung 6.60, kommt man zu einem ähnlichen Ergebnis.

Der Zugewinn an eingebrachter Projektionsstruktur beträgt bei der Erhöhung um jeweils eine Linie ungefähr 30 %. Zwischen der minimalen und

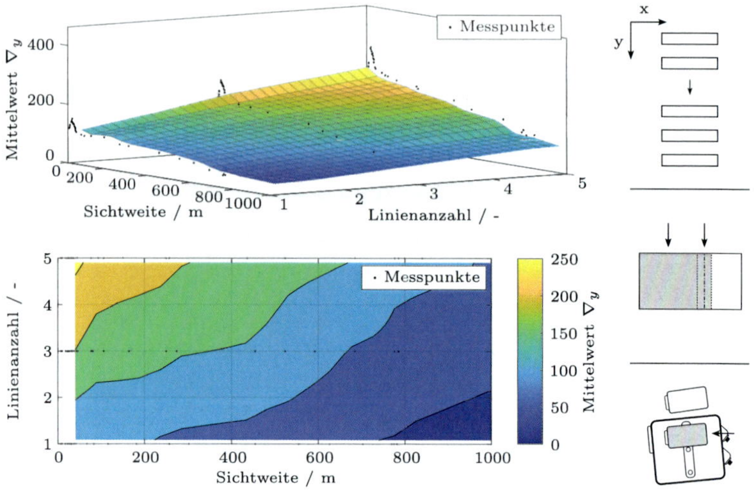

Abbildung 6.61: Mittelwert des Gradienten im Luft-Boden- und Übergangsbereich der Linienprojektionen mit einer bis hin zu drei 1,25° breiten Linien aus der seitlichen Kameraperspektive 2.

maximalen Sichtweite steigt die Differenz der Mittelwerte von ∇_y von einer auf fünf Linien von 230,4 (1x1,25°: 271,6 - 41,2) auf 387,0 (3x1,25°: 439,8 - 52,8) an, was die Bestimmung der Sichtweite vereinfacht sowie die Genauigkeit erhöht.

Im Luft-Boden- und Übergangsbereich der Kamera 2 in Abbildung 6.61 steigen auch hier, wie bei der Kamera 1, die Gradienten nochmals stärker als im Luft-Bereich.

Der Zugewinn je zusätzlicher Linie beträgt hier ungefähr 50 bis 70 % (1x1,25°: 145,1; 2x1,25°: 246,9; 3x1,25°: 318,6; jeweils 18 m Sichtweite) an eingebrachter Projektionsstruktur beziehungsweise des Mittelwertes der ∇_y. Die Differenz zwischen der minimalen Sichtweite ist hier ebenfalls bei der Projektion mit drei Linien am höchsten.

Insgesamt lässt sich also festhalten, dass sich die Erhöhung der Komplexität der Projektionsmuster über die Steigerung der projizierten Linien positiv auf die Sichtweitenerfassung auswirkt. Ein hochauflösender Scheinwerfer bringt somit erhebliche Vorteile mit sich.

6.6.4 OPTIMALES PROJEKTIONSMUSTER

Die vorausgegangenen Unterkapitel haben gezeigt, dass die Erhöhung der Linienanzahl je nach Auswertebereich einen positiven Effekt auf die Projektionsstruktur hat. Um eine Einordnung der einzelnen Projektionsmuster in den Gesamtkontext vorzunehmen, werden nachfolgend die jeweils besten Projektionsmuster jeder Eigenschaft (Linienbreite, Linienabstand, Linienanzahl) gegenübergestellt. Auch hier wird das Ziel verfolgt, in einem festen Ausleuchtbereich möglichst das Maximum an Struktur in den Nebel einzubringen, um eine vereinfachte Zuordnung der Gradientenwerte zu Sichtweitenwerten vornehmen zu können, somit die Genauigkeit bei der Sichtweitenerfassung zu erhöhen. Zusätzlich zu den bereits genutzten Mustern wird die maximale Ausleuchtung des Scheinwerfermoduls genutzt, also die Projektion mit 15,00° horizontal und 10,00° vertikal mit dem vollen Lichtstrom des Scheinwerfers. Diese soll als Vergleich dienen und den Effekt der Strukturprojektion zu einer homogenen Ausleuchtung des Scheinwerfers aufzeigen. Bei der Gegenüberstellung existieren folgende Erwartungen:

1. **Sichtweite**: Es wird erwartet, dass die Strukturprojektion für höhere Sichtweiten und die vollflächige Projektion bei geringen Sichtweiten die bessere Basis zur Sichtweitenerfassung bilden.
2. **Auswertebereich**: Nach der Definition der Auswertebereiche aus dem Unterkapitel 6.3 wird erwartet, dass die vollflächige Projektion im Luft-Bereich die besten Ergebnisse erzielt. Es ist zusätzlich

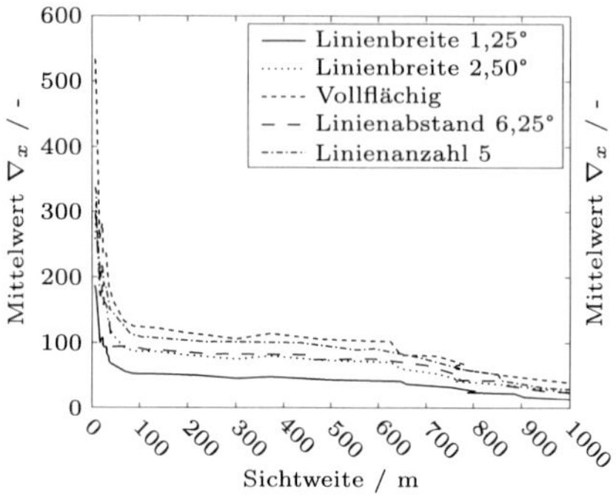

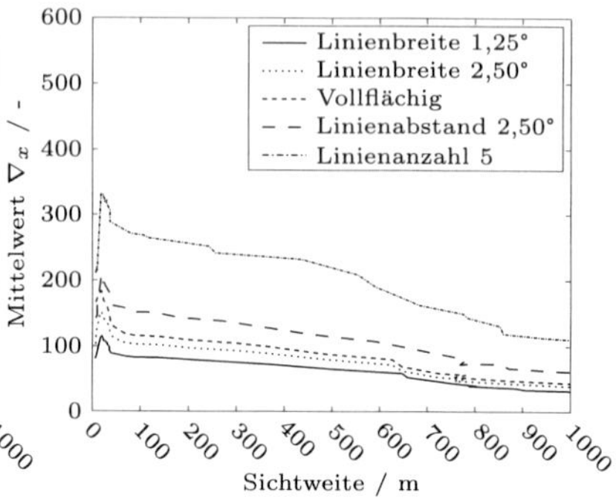

Abbildung 6.62: Übersicht der Projektionsmuster im (a) Luft-Bereich und (b) Luft-Boden sowie Übergangsbereich der Kamera 1.

zu erwarten, dass die Strukturprojektion im Luft-Boden- und Übergangsbereich die beste Projektionsstruktur darstellt.

Die Abbildung 6.62 (a) und Tabelle A15 zeigen die Mittelwerte vom ∇_x im Luft-Bereich der Kamera 1. Die vollflächige Projektion bewirkt hier, vermutlich durch den höchsten Lichtstrom, die größten Gradienten. Durch die hohen Lichtstärken findet im Nebel eine starke Mehrfachstreuung statt, wodurch der Lichtkegel dort stark vor der Umgebung herausgestellt wird. Bei hohen Sichtweite erzeugt die Projektion zwar ebenso die größten Gradienten, sorgt jedoch ebenso von 7 bis 1000 m Sichtweite für das größte Delta, also eine vereinfachte und genauere Zuordnung der Streuung zu Sichtweitenwerten.

Betrachtet man den Luft-Boden- und Übergangsbereich in Abbildung 6.62 (b) und Tabelle A16 zeigen sich abweichende Resultate. Die Projektion auf dem Untergrund sorgt für die scharfen Konturen der eingebrachten Projektionsstruktur. In diesem Fall bringt die Projektion von fünf Linien die stärksten Gradientenwerte und ebenso das größte Delta mit sich.

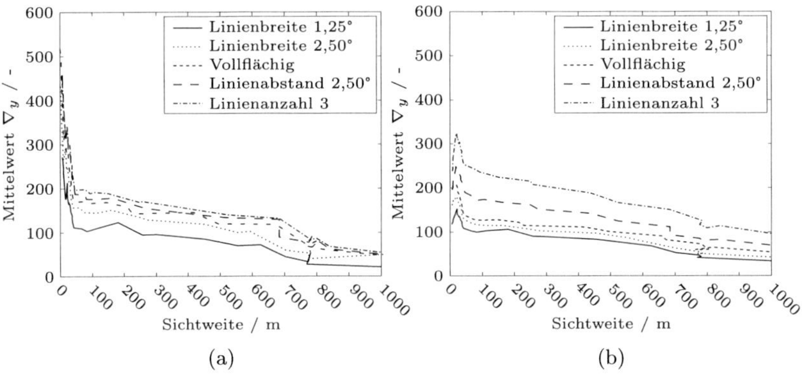

Abbildung 6.63: Übersicht der Projektionsmuster im (a) Luft-Bereich und (b) Luft-Boden sowie Übergangsbereich der Kamera 2.

Demnach wäre ein pixeliertes Scheinwerfersystem für die Auswertung im Luft-Bereich nicht nötig. Für die Auswertung des Bereiches in dem die Projektion auf den Untergrund auftrifft, bietet ein solches System potenziell die Möglichkeit für genauere Sichtweitenwerte.

Die Gegenüberstellung der Daten der Kamera 2 im Luft-Bereich in Abbildung 6.63 (a) und Tabelle A17 zeigen ein ähnliches, wenn auch leicht abweichendes Bild. Die vollflächige Projektion führt zu den höchsten Intensitäten, hier allerdings nur bei minimalen Sichtweiten. Steigt die Sichtweite über rund 15 Meter an, so erreicht die Projektion mit den drei vertikalen Linien die höchsten Gradientenwerte. Das kann mit der Positionierung der Kamera zusammenhängen und zusätzlich mit der Wahl der Grenzen des Luft-Bereiches, die vermutlich näher am Aufsetzpunkt liegen, als im Falle der Kamera 1. Demnach wird auch hier kein pixeliertes Licht benötigt, sondern ein möglichst maximaler Lichtstrom.

Die Betrachtung im Luft-Boden- und Übergangsbereich in Abbildung 6.63 (a) und Tabelle A18 zeigt hier ebenfalls das gleiche Bild wie bei der Kamera 1. Die Linienprojektion liefert auch hier die höchsten Mittelwerte der Gradienten. Demzufolge bewirkt ein hochauflösendes Scheinwerfersystem die maximalen Gradienten und liefern die besten Ergebnisse zur Sichtweitenerfassung. Sowohl die Differenz als auch die absoluten Mittelwerte sind bei der Projektion der drei Linien am höchsten.

Die Ergebnisse haben gezeigt, dass ein pixeliertes Scheinwerfersystem insbesondere bei der Auswertung der Bereiche, in dem die Projektion durch den Scheinwerfer auf den Boden auftrifft, die höchsten Gradientenwerte liefert. Demzufolge kann darüber die beste Sichtweitenbestimmung umgesetzt werden. Wird hingegen die Projektion direkt vor dem Scheinwerfermodule ausgewertet, liefert der maximale Lichtstrom durch die Projektionen des Musters mit 15° horizontalem und 10° vertikalem Öffnungswinkel die besten Ergebnisse sprich die höchsten Gradientenmittelwerte. Es wäre zu empfehlen beide Bereiche für die Auswertung zu nutzen und jeweils eine Projektionssequenz zu wählen, bei der jeweils ein komplexes Projektionsmuster und der maximale Lichtstrom im Wechsel projiziert werden. So können sowohl die maximale eingebrachte Projektionsstruktur im Luft-, als auch im Luft-Boden und Übergangsbereich ausgewertet werden.

Kapitel 7

Zusammenfassung und Diskussion der Ergebnisse

Grundsätzlich hat sich gezeigt, dass sich die Kombination aus Kamera und Scheinwerfer für die Sichtweitenerfassung eignet. Die Theorien der Streuung im Nebel zeichnen sich in den Kameradaten ab. Gleiches gilt für den IR-Kamera-Sensor als Erweiterung des Wellenlängenbereiches der Scheinwerferstrahlung. Die Erfassung der Sichtweite über die Streuung der Strahlungsquellen ist zum einen sinnvoll, da in den meisten neuen Fahrzeugen bereits Kameramodule verbaut sind, die Umsetzung also lediglich ein Softwarethema ist. Zum anderen bietet die Umsetzung eine räumliche Auflösung. Das bedeutet, dass vor dem Fahrzeug in unterschiedlichen Bereichen unterschiedliche Sichtweitenwerte erfasst werden können. Insbesondere bei der Dynamik von Nebel kann das einen großen Unterschied zu einer punktuellen Messung machen. Sowohl bei der Anpassung einer Lichtverteilung, als auch bei der Adaption der Datenverarbeitung anderer Sensoren eines Fahrzeuges.

7.1 Vom Experiment zur Realität

Die Messung in der Nebelkammer fand unter kontrollierten Bedingungen statt. Beim Einsatz im Feld wäre das System neben der in der Arbeit untersuchten Untergrundveränderung noch weiteren äußeren Störgrößen ausgesetzt, weshalb nachfolgend einige davon diskutiert werden:

1. Strahlungsquellen
2. Wettereinflüsse
3. Temperaturveränderungen
4. Fahrdynamik

Andere Strahlungsquellen sind Störungen, denen sich der Kamera-Scheinwerfer-Sensor beziehungsweise der IR-Kamera-Sensor im realen Umfeld ausgesetzt sehen. Das können die Sonneneinstrahlung, andere Fahrzeugscheinwerfer, die Straßenbeleuchtung oder auch Sensoren wie LiDAR-Sensoren sein.

Die Sonneneinstrahlung wird bei Nebel generell gedämpft. Auch diese unterliegt der Mehrfachstreuung, was für eine Dämpfung und die daraus resultierende Abdunkelung der Umgebung sorgt. Die restliche Umgebungshelligkeit sorgt für eine geringere Ausprägung der eingebrachten Projektionsstruktur, der Intensitäten und der Ausbildung der Nebelstruktur in der Streuung. Durch das Pulsen des Scheinwerfers und der Aufnahme von Bilddaten mit und ohne Projektion, können Differenzbilder erzeugt werden, in denen so die Umgebungshelligkeit abgezogen werden kann. Zusätzlich dazu kann die Information der Umgebungshelligkeit bei der Berechnung berücksichtigt werden und so bei einer geringen Ausprägung der Projektionsstruktur eine Art Korrekturfaktor mit in die Analyse einfließen.

Ähnliches gilt für andere Fahrzeugscheinwerfer oder Straßenbeleuchtungen. Auch diese können in den Streuinformationen als Veränderung erfasst und herausgerechnet werden. Der Unterschied zur Sonneneinstrahlung stellt eine mögliche Modulation der Strahlungsquellen dar. Das könnte bei den zuvor eingeführten Differenzbildern zu Artefakten führen, die jedoch als abnormales Verhalten erkannt und so aus den Daten gerechnet werden könnten. Hierbei handelt es sich, anders als die Sonneneinstrahlung, jedoch in der Regel um kurzzeitige Störereignisse bei einer Passiersituation zweier Fahrzeuge oder dem Passieren der

Straßenbeleuchtung. In Situationen wie der Kolonnenfahrt oder mehrspurigen Straßen sorgt der Abstand zwischen den Strahlungsquellen für eine Dämpfung der Streuung. Die Reststreuung kann über die erwähnten Korrekturfaktoren berücksichtigt werden. Bei modernen Systemen mit LED-Leuchtmittel ist zudem nicht von einer Störung des langwelligen IR-Kamera-Systems auszugehen. Die Projektion der Punkte von LiDAR-Sensoren wäre für das IR-System eine mögliche Störung, die jedoch ebenfalls nur kurzzeitig auftreten könnte. Sind an einem Fahrzeug sowohl ein IR-Kamera- als auch ein LiDAR-Sensor verbaut, wäre eine Synchronisation beider Systeme denkbar. Ebenso wäre die Nutzung der Streuung der Projektion durch den LiDAR-Sensor für das Kamerasystem als Informationsquelle zur Sichtweitenerfassung möglich.

Auch andere Wettereinflüsse wirken sich als Störung auf die aufgezeichneten Streuungsinformationen des Kamera-Scheinwerfer-Sensors aus. Reflexionen an Regentropfen, Schnee oder Hagel wären über entsprechende Tiefpassfilter aus den Daten zu filtern und stellen keine ausschlaggebende Störgröße dar. Mögliche Schlieren durch die Dynamik der Wassertropfen lässt sich beispielsweise durch eine gerichtete Filterung aus den Daten extrahieren. Einzig die Reflexion am Untergrund wirkt sich in bestimmten Bereichen auf die Daten aus, was nachfolgend noch einmal diskutiert wird.

Temperaturveränderungen wirken sich sowohl auf die Kamera, als auch auf die Strahlungsquelle aus. Eine Veränderung der Temperatur kann zu Veränderungen des Sensorrauschens der Kamera und zu Abweichungen beim Lichtstrom beziehungsweise Strahlungsfluss der Strahlungsquellen führen. Beide Temperaturen müssen während der Sichtweitenbestimmung gemessen, bei der Auswertung über eine Lookup Table berücksichtigt und gegebenenfalls eine Rauschunterdrückung [140] angewendet werden.

Die Fahrdynamik stellt kein Problem dar. Durch die bereits genutzten

Tiefpassfilter findet ohnehin eine Glättung der Streuungsinformation statt. Da die Relativpositionen zwischen der Kamera und Strahlungsquelle zueinander fest sind, führt die Fahrdynamik lediglich zu einer stärkeren Glättung der aufgezeichneten Streuung. Einzig bei der Nebelstruktur könnte die Fahrdynamik zu einer Abschwächung der Ausprägung selbiger führen.

7.2 FORSCHUNGSTHEMEN

Vor den Untersuchungen wurden die im Kapitel 4 beschriebenen Forschungsthemen definiert und mithilfe der experimentellen Untersuchungen analysiert. Die einzelnen Ansätze stellen dabei weniger eine Konkurrenz dar, sondern können vielmehr gemeinsam zur Sichtweitenerfassung genutzt werden, um so eine bessere Datenbasis für die genauere Bestimmung von Sichtweiten darzustellen.

Nachfolgend werden Schritt für Schritt die Aussagen über die einzelnen Sachverhalte der Untersuchungen erneut dargelegt und mit den Ergebnissen der Arbeit zusammengebracht.

Aussage 1: *Die Intensitätsveränderungen der Streuung zeigen die Gesetzmäßigkeit des Bouguer-Lambert-Gesetzes, lassen sich somit zur Sichtweitenerfassung nutzen.*

Der zu erwartende Intensitätsverlauf des Bouger-Lambert-Gesetztes lässt sich in den Daten der Streuung nachvollziehen. Sowohl bei den generellen Intensitätsverläufen, als auch bei den eingebrachten Projektionsstrukturen. Das Systemverhalten entspricht also der Definition der MOR die von der WMO für Sichtweitensensoren definiert wurde und ist daher in der Lage Sichtweiten nach eben dieser Definition zu erfassen.

Das hier gefundene Verhalten beschränkt sich in der Anwendung dabei nicht nur auf Scheinwerfersysteme, sondern ist ebenso auch auf andere Systeme mit einer Strahlungsquelle anwendbar.

Aussage 2: *Entsprechend der Theorien nach Mie und Rayleigh lassen sich spektrale Unterschiede in der Streuung detektieren.*

Ebenso ist in den Kameradaten das spektrale Verhalten der Streuung des Scheinwerfers nach der Mie- sowie Rayleigh-Theorie zu finden. Dieses ist zwar über den Sichtweitenverlauf konsistent, jedoch vermutlich durch die Mehrfachstreuung im Nebel zu gering, um darüber valide Daten zur Erfassung der Sichtweite erheben zu können. Äußere Störquellen könnten diese geringen Unterschiede zu stark abschwächen.

Das Scheinwerferspektrum scheint dabei keinen negativen Einfluss auszuüben, eignet sich somit für diese Verfahren. Ebenso eignet sich ein IR-System.

Aussage 3: *Die Nebelstruktur lässt sich in der Streuung finden und für die Sichtweitenerfassung nutzen.*

Die Nebelstrukturen sind in den Untersuchungen ebenfalls nachweisbar und ebenso eine Veränderung bei unterschiedlichen Sichtweiten erkennbar.

Aussage 4: *Die Nebelstruktur wird gröber, je geringer die Sichtweite ist.*

Zudem ist ein Ergebnis der Untersuchung, dass die Nebelstruktur bei abnehmender Sichtweite gröber wird. Denkbar wäre hier der Einsatz von Sichtweitenklassen mit bestimmten Strukturgrößenverteilungen, Homogenitäten und Kontrasten, die jeweils Sichtweiten zugeordnet sind. Diese Information könnte zudem genutzt werden, um auf die Struktur angepasste Lichtverteilungen zu projizieren, um so die Sicht der Kamera sowie des menschlichen Fahrers zu verbessern.

Bei der für die Strukturauswertung genutzten Grauwertübergangsmatrix (GCLM) wäre im realen Einsatz zudem möglicherweise eine vorherige Korrektur der Daten aufgrund der Störungen anderer Strahlungsquellen nötig. Anstelle der Grauwertübergangsmatrix wäre beispielsweise auch eine Strukturanalyse über die Bildfrequenzen mithilfe einer Fourier-Analyse [141] denkbar. Da die Wellenlängenbereiche der IR-Strahlungsquellen und des Scheinwerfers nah beieinander liegen ist davon auszugehen, dass die Nebelstrukturen ebenso auch hier auftreten. Durch die nach der Theorie geringere Streuung der IR-Strahlung wird die Ausprägung dieses Effektes vermutlich schwächer ausfallen.

Aussage 5: *Die eingebrachte Projektionsstruktur zeigt ein systematisches, für die Sichtweitenerfassung nutzbares Verhalten.*

Die Gradientenverläufe der eingebrachten Projektionsstruktur zeigen ebenfalls ein systematisches Verhalten bei Sichtweitenänderungen und sind daher zur Sichtweitenerfassung nutzbar. Wie anfangs erwähnt zeigt sich auch hier die Gesetzmäßigkeit des Bouguer-Lambert-Gesetzes in Bezug zur Höhe der Projektionsstruktur.

Aussage 6: *Die Zunahme der Linienbreite einer projizierten Linie sorgt durchgehend für eine höhere Struktur der Streuung im Nebel und ist somit bei der Sichtweitenerfassung überlegen.*

Die Zunahme der Linienbreite sorgt nicht automatisch zu besseren Werten für die Sichtweite. Es hängt ebenso davon ab, welcher Bereich für die Auswertung analysiert wird. Direkt vor dem Scheinwerfer zählt ein möglichst hoher Lichtstrom, also eine möglichst breite Linien, weiter entfernt vom Fahrzeug erweist sich eine 2,50° Breite Linie als optimal.

Aussage 7: *Die Darbietung von mehreren Projektionslinien sorgt für eine Steigerung der eingebrachten Projektionsstruktur. Ein hochauflösender Scheinwerfer ist demnach einem einfachen LED-Scheinwerfer bei der Sichtweitenerfassung überlegen.*

Auch die Antwort auf diese Aussage hängt von dem Bereich ab, der für die Betrachtung genutzt wird. Direkt vor dem Scheinwerfer ist die

Streuung so hoch, dass hier weniger das Projektionsmuster, als viel mehr der maximale Lichtstrom den größten Einfluss auf die eingebrachte Projektionsstruktur besitzt. Im Bereich weiter entfernt vom Scheinwerfer bieten sich Projektionen mehrere Linien an, da sich diese durch die Untergrundreflexion und die höhere Entfernung zum Scheinwerfer stärker als einzelne Linien ausbilden, somit bessere Daten liefern. Der Effekt verstärkt sich bei abnehmender Sichtweite. Das bedeutet, dass für die Erfassung von höheren Sichtweiten die Darbietung mehrere Linien weitere Vorteile mit sich bringt. Nach den Untersuchungen sollten eine möglichst hohe Anzahl 2,50° breiter Linien mit einem Abstand von 2,50° projiziert werden.

Es ist davon auszugehen, dass das Verhalten der Projektionsstrukturen durch die Nähe der Wellenlängenbereiche des Scheinwerfers und der IR-Strahlungsquellen ebenso im Infrarotbereich auftreten wird. Durch die geringere Streuung der langwelligen Strahlung werden die Effekte hier vermutlich geringer ausfallen. Die Projektionsstruktur eignet sich zudem potenziell ebenso besser zur Sichtweitenerfassung, da sie sich deutlicher als Bildmerkmal in den Bilddaten zeigt, somit leichter zu erfassen und dadurch auszuwerten sind. Um die Erfassung der Strukturen zu verbessern, bieten sich Bildverarbeitungsverfahren wie die Gaborfilterung [142] [109] [110] [143] [144] oder die Filterung über Wavelets [84] an, die exakt auf das genutzte Projektionsmuster eingestellt werden können. Es wäre zudem denkbar anstelle eines hochauflösenden Scheinwerfers, Lichtmodule mit festen Projektionsmustern zu nutzen, die gepulst oder als Designkomponente dauerhaft angeschaltet betrieben werden.

Aussage 8: *Der Untergrund wirkt sich erst in dem Bereich auf die Streuung im Nebel aus, in dem die Projektion auf den Untergrund strahlt.*

Die Einflüsse durch den Untergrund auf die Streuung sind je nach Bereich innerhalb der Projektion unterschiedlich stark. Umso weiter die Streuung vom Untergrund entfernt stattfindet, desto weniger Einfluss übt der Untergrund auf die Streuung aus. Trifft die Projektion auf dem Untergrund, so reflektiert die Strahlung zurück in den Nebel und verstärkt dort die Streuung. Innerhalb der experimentellen Untersuchungen hat sich jedoch ebenfalls keine ausschlaggebende negative Auswirkung gezeigt. Die Änderung des Reflexionsgrades des Untergrundes hat den Messergebnissen nach zu urteilen keinen ausschlaggebenden Einfluss auf die Streuung im Nebel. Das Verfahren ist also gegenüber einem sich im realen Einsatz ändernden Reflexionsgrad des Asphaltes größtenteils resistent.

7.3 EMPFEHLUNGEN AN DIE HARDWARE

Basierend auf den Untersuchungen haben sich Anforderungen an die Hardware ergeben, die nachfolgende diskutiert und jeweils in Relation zu den Forschungshypothesen gesetzt werden. Dabei werden die Komponenten Kamera und Scheinwerfer separat behandelt.

7.3.1 KAMERA

Die Auswahl der Kamerahardware bietet für die Umsetzung in dieser Arbeit unter anderem folgende Freiheitsgrade:

- Auflösung
- Position
- Farbpattern und Pixelgröße
- Belichtungszeit
- Objektivfehler

Die Messungen haben gezeigt, dass die hier genutzte Kamera mit einer Auflösung von 7 Megapixel für die Erfassung der Sichtweite nicht zwingend notwendig ist. Werden lediglich die Intensitäten der Rückstreuung über die Pixelwerte des Kamerasensors betrachtet, eignet sich eine niedrigere Auflösung von beispielsweise einem Megapixel oder sogar eine einfache Fotodiode. Bei der Erfassung der Projektionsstruktur hilft eine höhere Auflösung den Verlauf der Gradienten der Projektionsränder besser erfassen zu können, da sich die Ränder der Projektion über eine größere Anzahl an Pixeln verteilen. Werden grobe Projektionsmuster projiziert, darf die Auflösung der Kamera ebenso geringer ausfallen. Bei der Nebelstruktur wiederum ist ebenfalls eine höhere Auflösung von Vorteil, um die Strukturunterschiede in den Daten detektieren zu können.

Liegen Kamera und Lichtaustrittsfläche nah beieinander, so hat auch das einen positiven Einfluss, da sich ein kleineres Nebelvolumen zwischen Kamera und Streuquelle befindet. Die Durchdringung der Streuung in Richtung Kamera führt zu einer Dämpfung der Streuungsintensität. Die Scheinwerferintegration würde sich hiernach gegenüber des Einbaus hinter der Windschutzscheibe als positiv erweisen. Generell eignet sich aber auch die Kamera hinter der Windschutzscheibe, sofern die Dämpfung bei der Analyse berücksichtigt wird. Die Positionierung der Kamera seitlich zur Lichtaustrittsfläche bietet zudem Vorteile, da der Ausleuchtbereich des Scheinwerfers in horizontale Richtung größer ist als in vertikaler. Das sorgt bei der Projektion einer horizontalen Linie bei gleicher Linienbreite für ein größeres Streuvolumen im Vergleich zu einer vertikalen Linienprojektion. Hierbei wäre jedoch der Störeinfluss durch die Umgebung zu prüfen, da diese im Vergleich zu einer oberhalb positionierten Kamera, je nach Umgebung, eine größere Umgebungsveränderung erfahren kann. Die oberhalb positionierte Kamera kann als Auswertebereich die Perspektive auf den Untergrund wählen kann, wohingegen die seitliche Kamera potenziell mehr Lichtquellen, Reflektoren oder andere Störquellen miterfasst.

Im automobilen Umfeld werden in den meisten Fällen für die Kamerasensoren RGGB- oder RCCB-Farbfilter genutzt. Möchte man die Reflexion spektral auswerten, reichen RCCB Farbfilter aus, weil auch damit ein Vergleich zwischen dem langwelligen roten und kurzwelligen blauen Wellenlängenanteil vorgenommen werden kann. Zwar basierend die Definitionen der Sichtweite nach der MOR auf dem menschlichen Auge, dessen Helligkeitsempfinden am ehestem dem Grünkanal der Kamera entspricht, jedoch haben die Vergleiche der Intensitäten der Streuung ebenso gezeigt, dass zwischen den Farbkanälen keine ausschlaggebenden Unterschiede bezüglich eines generellen Intensitätsverlaufs über die Sichtweite feststellbar sind. Eine hohe Lichtempfindlichkeit ist zudem ebenfalls von Vorteil. Eine niedrige kann aber ebenso durch eine Erhöhung der Belichtungszeit ausgeglichen werden. Die Bewegungsunschärfe durch eine höhere Belichtungszeit stellt, wie zuvor thematisiert, kein Problem dar. So lässt sich die in der Arbeit eingestellte Belichtungszeit von 4 ms ohne nennenswerte negative Einflüsse auch, wie bei den Kamerasensoren in Fahrzeugen, auf Werte von 10 ms und höher einstellen. Damit ein möglichst großer Helligkeitsbereich und somit Messbereich von Sichtweiten abgedeckt werden kann, wäre ein Dynamikumfang wie der von aktuellen Kamerasensoren im automobilen Umfeld von 120 dB zu empfehlen.

Objektivfehler, wie die chromatische Aberration, stellen generell kein Problem dar. Sie führen lediglich bei der räumlichen spektralen Analyse zu Verschiebungen der spektralen Anteile und erhöhen somit die Messungenauigkeit. Bei den restlichen Untersuchungsgrößen ist kein negativer Einfluss zu erwarten. Fehler wie die optische Verzerrung insbesondere in Randbereichen können eingemessen und herausgerechnet werden, stellen also ebenso kein Problem dar.

7.3.2 SCHEINWERFER

In der Arbeit wurden unterschiedliche Eigenschaften des Scheinwerfers betrachtet. Nachfolgend wird auf die folgenden eingegangen:

1. Winkelauflösung
2. Lichtaustrittsfläche
3. Lichtstrom
4. Abbildungsschärfe
5. Inhomogenität

Nach den experimentellen Untersuchungen stellen sich unterschiedliche Anforderungen an die Scheinwerferauflösung. Während bei der Nebelstruktur und der Untersuchung der Intensität und dem spektralen Verhalten eine Abblendlichtverteilung ohne hohe Winkelauflösung ausreichend, ergab sich aus der Untersuchung der eingebrachten Projektionsstruktur klare Anforderungen an die Auflösung. So stellt sich generell eine Winkelauflösung mit 2,50° Breite und einem ebenso großen Abstand als Optimum heraus. Die Werte können je nach genutztem Lichtstrom und der Projektionsschärfe der Scheinwerferoptik abweichen.

Durch die geringe Lichtaustrittsfläche eines einzelnen Moduls kommt es im Bereich nahe des Scheinwerfers zu einer starken Überlagerung der Streuung. Optimal wäre daher eine Fahrzeugfront an der sich möglichst viele Lichtaustrittsflächen befinden, welche die Möglichkeit zur Abblendung einzelner Winkelbereiche über die komplette Fahrzeugfront bieten. Zudem sollte der Abstrahlwinkel groß sein, um einen großen Anteil an Projektionsstruktur in den Nebel einzubringen. Eine hohe Anbauposition des Scheinwerfers beziehungsweise ein vom Fahrzeug weit entfernter Aufsetzpunkt der Projektion auf dem Untergrund kann zudem den Einfluss durch selbigen bei der Untersuchung der Intensität der Streuung sowie der Nebelstruktur minimieren.

Umso höher der Lichtstrom, um so mehr Streuung findet im Nebel statt. Das hat den Vorteil, dass die Belichtungszeit der Kamera gesenkt werden kann oder Module mit einer geringen Lichtempfindlichkeit genutzt werden können. Im realen Einsatz unterliegt man jedoch den ECE-Regelungen für die Scheinwerferlichtverteilung [145] und muss das Projektionsmuster dementsprechend in seiner Lichtstärkeverteilung darauf abstimmen. Darüber hinaus sorgt ein starker Lichtstrom bei Nebel für eine starke Eigenblendung. Befinden sich die Fahrzeuge im manuellen Fahrbetrieb, so sollten bei den Projektionsmustern maximal die Lichtstärken der jeweils genutzten Abblendlichtverteilung eingestellt werden. So lässt sich durch Negativkontraste das Projektionsmuster für den Fahrer verschleiern. Im automatisierten Fahrbetrieb könnten die maximal zulässigen Lichtstärken eingestellt werden, sofern es im späteren vollautomatisierten Fahrbetrieb nicht sogar auf solche Systeme angepasste Regelungen gibt.

Zur generellen Erfassung von Projektionsstrukturen ist aufgrund der starken Mehrfachstreuung eine hohe Schärfe der Projektionskanten nicht zwingend nötig. Es eignet sich also ebenso die Schärfe einer Hell-Dunkel-Grenze einer ECE konformen Abblendlichtverteilung. Eine hohe Schärfe der Projektionsränder würde jedoch zu einem ausgeprägten IST-Wert führen, und somit zu einem potenziell eindeutigeren Gradientenverlauf über die Sichtweite. Einzig der Luft-Boden-Übergang der Projektion, also der Bereich, an dem die Projektion auf dem Boden auftrifft, bedarf einem scharfen Übergang zwischen dem Projektionsbereich und der Umgebung, sofern selbiger zur Sichtweitenerfassung genutzt werden soll (vgl. Unterkapitel 6.4.2)

Inhomogenitäten sollten sich generell nur im geringen Maße negativ auf die Daten auswirken. Durch unterschiedliche Lichtstärken je Raumwinkel bringt eine inhomogene Projektion sogar mehr Struktur in den Nebel ein. Gleiches gilt für Farbsäume. Die generell vorherrschenden Farbsäume an den Rändern einer Scheinwerferlichtverteilung stellen kein Problem dar. Sie müssen lediglich bei der spektralen Analyse berücksichtigt werden.

Je nach Anforderung an die Genauigkeit bei der Sichtweitenerfassung lassen sich unterschiedliche Systeme nutzen. Für eine einfache Umsetzung reicht ein einfacher LED-Scheinwerfer ohne Winkelauflösung und eine Kamera mit einer Auflösung von einem oder mehr Megapixeln. Darüber lassen sich die Intensitäten der Streuung erfassen. Die nächst höhere Stufe wäre ein System mit rund zwei Megapixeln Auflösung der Kamera und Scheinwerfern mit einer Winkelauflösung von 2,5°. Darüber lassen sich neben den Intensitätsveränderungen die durch den Scheinwerfer eingebrachte Strukturprojektion erfassen. Diese ermöglicht es, auch bei höheren Sichtweiten größer 80 m valide Sichtweitenwerte bestimmen zu können. Als höchste Ausbaustufe ist ein System denkbar, das eine höhere Kameraauflösung wie sieben Megapixel und ebenso höhere Scheinwerferauflösung besitzt, beispielsweise das SSLHD System der HELLA GmbH & Co. KGaA, damit Projektionen mit schärferen Projektionsrändern in den Nebel projiziert werden. Darüber verbessert sich die Projektionsstruktur und es lässt sich darüber hinaus die Nebelstruktur auswerten.

Neben den verschiedenen Systemvariationen lassen sich bereits bestehende Fahrzeuge, die mit einer Kamera ausgestattet sind, per Software mit einem Sichtweitensensor versorgen, sich dadurch für die Themen dieser Arbeit eine starke Marktdurchdringung realisieren. So ließen sich bei diesen Fahrzeugen unter anderem die Nebelscheinwerfer sowie Nebelschlussleuchte, basierend auf der Sichtweite, steuern.

Kapitel 8

Ausblick

Basierend auf den Messdaten kann ein Sensorsystem auf Basis einer Kamera und eines Scheinwerfers aufgebaut werden. Das System besitzt eine Winkelauflösung von mindestens 2,50° und projiziert Linienmuster mit eben dieser Auflösung. Zudem sind über die komplette Fahrzeugfront Scheinwerfer mit genau dieser Auflösung verteilt, die ebenfalls in den Nebel projizieren.

Mit diesem System kann nun in realer Umgebung eine Validierung durchgeführt werden. Dabei können Messdaten erhoben werden, um die Auswirkungen durch die äußeren Störeinflüsse zu untersuchen. Basierend auf den Messdaten und der hier vorgestellten Bildverarbeitung, wie die Gaborfilterung, kann ein neuronales Netzwerk trainiert werden, das basierend auf der Intensität der Streuung, der Nebelstruktur und der eingebrachten Projektionsstruktur Sichtweiten berechnet. Zudem wäre es denkbar, über ein Update auf bereits bestehende Fahrzeug einen Algorithmus zu implementieren, der Bilddaten der Abblendlichtverteilung bei Nebel erhebt und über die Fahrzeugposition in Kombination einer Wetterkarte Daten für das neuronale Netzwerk aufzeichnet. So könnten bereits bestehende Fahrzeugflotten genutzt werden, um ein solches Netzwerk zu trainieren. Im Anschluss könnte über ein erneutes Softwareupdate die Sichtweitenerfassung auf die Fahrzeuge installiert werden und so für den Fahrer sowie das Sensorsystem Verbesserungen bewirken. Es wäre dabei der Einfluss durch mehrere Störgrößen, wie die Umgebungsbeleuchtung, andere Verkehrsteilnehmer und die Veränderung des Untergrundes zu untersuchen [146] [147]. Ebenso wäre durch diese Art der Umsetzung die Marktdurchdringung eines solchen Systems hoch.

Neben der in dieser Arbeit vorgestellten Möglichkeiten zur Sichtweitenerfassung wäre ebenso die Erfassung von Straßenzuständen über die Erhöhung von Kontrasten durch die Schatten an den Untergrundstrukturen mit der gezielten Scheinwerferprojektion denkbar [148]. Generell wäre die Untersuchung von weiteren Einflüssen durch die Untergrundreflexion zur Sichtweitenerfassung sinnvoll, um die Resistenz gegen Störungen zu steigern.

Zukünftig wäre es zudem interessant, ein solches System über einen seriennahen Scheinwerfer umzusetzen und die Eigenarten bei der Datenerfassung zu untersuchen.

Darüber hinaus wäre eine Studie sinnvoll, über die untersucht wird, ob bestimmte Projektionsmuster für den Fahrer oder Passanten im Straßenverkehr sichtbar sind. Das wäre ein wichtiger Schritt, um ein solches System in den Serieneinsatz zu bringen. Möglich wäre eine Untersuchung von Negativkontrasten bei unterschiedlichen Frequenzen, Projektionsdauern, Mustern sowie Abtastraten.

Die hier vorgestellte Arbeit zeigt den Mehrwert des Scheinwerfers für die sinnvolle Unterstützung automatisierter Fahrfunktionen. Der Scheinwerfer kann somit im Zusammenspiel mit einer Kamera einen erheblichen Mehrwert für ein automatisiertes Fahrsystem bieten. Es werden Möglichkeiten beleuchtet, die schon heute im Zusammenspiel mit einer Kamera als Sensor möglich sind. Dabei wird ein mögliches Einsatzfeld für die Transformation von hochauflösenden Scheinwerfern in die Zukunft des automatisierten Fahrens aufgezeigt.

Literatur

[1] E. Shi, T. M. Gasser, A. Seeck und R. Auerswald. “The Principles of Operation Framework: A Comprehensive Classification Concept for Automated Driving Functions”. *SAE International Journal of Connected and Automated Vehicles* 3.1 (18.2020), S. 12–03–01–0003.

[2] V. Finkler. *Autonomes Fahren für jeden: Tesla macht Beta-Software für alle Kunden verfügbar*. EFAHRER. 29. Nov. 2022. URL: https://efahrer.chip.de/news/autonomes-fahren-fuer-jeden-tesla-macht-beta-software-fuer-alle-kunden-verfuegbar_1010407 (besucht am 10. 12. 2022).

[3] *Mercedes darf fahrerlos einparken*. tagesschau. 30. Nov. 2022. URL: https://www.tagesschau.de/wirtschaft/technologie/fahrerloses-parken-mercedes-benz-bosch-kba-101.html.

[4] T. W. Team. *Next Stop for Waymo One: Los Angeles*. WAYMO. 30. Dez. 2022. URL: https://blog.waymo.com/2022/10/next-stop-for-waymo-one-los-angeles.html.

[5] *Drive Pilot kostet wenigstens 5.950 Euro*. auto motor sport. 29. Jan. 2023. URL: https://www.auto-motor-und-sport.de/tech-zukunft/mercedes-autonom-level-3-drive-pilot-haftung-unfall/ (besucht am 02. 02. 2023).

[6] *Mercedes-Benz DRIVE PILOT*. Mercedes-Benz. URL: https://www.mercedes-benz.de/passengercars/technology/drive-pilot.html (besucht am 23. 03. 2023).

[7] T. Geiger. *Automatisiertes Fahren mit Staupilot: Freihändig in der S-Klasse*. ADAC. 30. Mai 2022. URL: https://www.adac.de/rund-ums-fahrzeug/ausstattung-technik-zubehoer/autonomes-fahren/technik-vernetzung/autonomes-fahren-staupilot-s-klasse/ (besucht am 30. 12. 2022).

[8] *Warum Robotaxis San Francisco erobern*. Tagesschau. 25. Aug. 2021. URL: https://www.tagesschau.de/wirtschaft/technologie/waymo-autonomes-fahren-selbstfahrende-autos-cruise-argo-vw-101.html (besucht am 21. 05. 2022).

[9] *Building maps for a self-driving car*. WAYMO. 13. Dez. 2016. URL: https://blog.waymo.com/2019/09/building-maps-for-self-driving-car.html (besucht am 20. 03. 2023).

[10] *The Waymo Driver Handbook: How our highly-detailed maps help unlock new locations for autonomous driving*. WAYMO. 21. Sep. 2020. URL: https://waymo.com/blog/2020/09/the-waymo-driver-handbook-mapping.html?hl=ja_JP (besucht am 15. 10. 2022).

[11] *Tesla Vision: Assistenzsystem ohne Radar*. 13. Nov. 2022. URL: https://www.youtube.com/watch?v=fZUIjI4bs78 (besucht am 10. 12. 2022).

[12] *Tesla Vision vs. Ultraschallsensoren (USS) (Teil 1)*. TESLA FAHRER UND FREUNDE. 21. Nov. 2022. URL: https://tff-forum.de/t/tesla-vision-vs-ultraschallsensoren-uss-teil-1/225462/3346 (besucht am 22. 01. 2023).

[13] T. Stahl. *Tesla fährt bei Nebel nur noch langsam: Schuld ist neue Software*. EFAHRER. 4. Nov. 2022. URL: https://efahrer.chip.de/news/tesla-faehrt-bei-nebel-nur-noch-

langsam-schuld-ist-neue-software_1010081 (besucht am 20. 11. 2022).

[14] *Waymo Driver*. WAYMO. URL: https://waymo.com/waymo-driver/ (besucht am 15. 12. 2022).

[15] *The Waymo Driver Handbook: Teaching an autonomous vehicle how to perceive and understand the world around it*. WAYMO. 28. Okt. 2021. URL: https://blog.waymo.com/2021/10/the-waymo-driver-handbook-perception.html (besucht am 20. 03. 2023).

[16] W. Pluta. *Waymo-Chef glaubt nicht an autonom fahrende Teslas*. Golem. 26. Jan. 2021. URL: https://www.golem.de/news/autopilot-waymo-chef-glaubt-nicht-an-autonom-fahrende-teslas-2101-153689.html (besucht am 23. 03. 2023).

[17] J. Moreno. *Elon Musk Responds To Waymo CEO: 'Tesla Has Better AI Hardware And Software Than Waymo'*. Forbes. 25. Jan. 2021. URL: https://www.forbes.com/sites/johanmoreno/2021/01/25/elon-musk-responds-to-waymo-ceo-tesla-has-better-ai-hardware--software-than-waymo/?sh=4afee5257eff (besucht am 15. 10. 2022).

[18] *Tesla Autonomy Day*. Youtube. 22. Apr. 2019. URL: https://www.youtube.com/watch?v=Ucp0TTmvqOE&t=1276s (besucht am 15. 10. 2022).

[19] A. Donath. *Tesla gibt Ultraschallsensoren und Parkfunktionen auf*. Golem. 5. Okt. 2022. URL: https://www.golem.de/news/kamerasystem-tesla-gibt-ultraschallsensoren-und-parkfunktionen-auf-2210-168718.html (besucht am 14. 12. 2022).

[20] *Tesla Vision-Update: Ersatz von Ultraschallsensoren durch Tesla Vision*. Tesla. URL: https://www.tesla.com/de_de/support/transitioning-tesla-vision (besucht am 14. 12. 2022).

[21] A. Donath. *Tesla kehrt zu Radarsensoren zurück*. Golem. 7. Dez. 2022. URL: https://www.golem.de/news/autonomes-fahren-tesla-kehrt-zu-radarsensoren-zurueck-2212-170313.html (besucht am 20. 12. 2022).

[22] S. Bäumer. *Lidar und Radar – künftig versteckt im Scheinwerfer*. 10. Nov. 2022. URL: https://www.amz.de/lidar-und-radar-kuenftig-versteckt-im-scheinwerfer (besucht am 20. 12. 2022).

[23] *Anzahl der durch Schnee und Glatteis verursachten Straßenverkehrsunfälle mit Personenschaden in Deutschland von 2011 bis 2021*. Statista. 1. Juli 2022. URL: https://de.statista.com/statistik/daten/studie/2098/umfrage/strassenverkehrsunfaelle-bei-winterglattem-strassenzustand/#:~:text=Stra%C3%9Fenverkehrsunf%C3%A4lle%20durch%20Schnee%20und%20Glatteis%20in%20Deutschland%20bis%202021&text=Die%20Statistik%20zeigt%20die%20Anzahl,und%20Glatteis%20verursacht%20wurden%2C%20gez%C3%A4hlt. (besucht am 01. 01. 2023).

[24] *Anzahl der durch Nebel verursachten Straßenverkehrsunfälle mit Personenschaden in Deutschland nach Unfallort von 1991 bis 2021*. Statista. URL: https://de.statista.com/statistik/daten/studie/192519/umfrage/nebelunfaelle-mit-personenschaden-nach-dem-unfallort-in-deutschland/ (besucht am 15. 12. 2022).

[25] *Anzahl der durch durch Schnee und Glatteis verursachten Straßenverkehrsunfälle mit Personenschaden in Deutschland von 2011 bis 2021*. Statista. URL: https://de.statista.com/statistik/daten/studie/2098/umfrage/strassenverkehrsunfaelle-bei-

winterglattem-strassenzustand/#:~:
text=Stra%C3%9Fenverkehrsunf%C3%A4lle%20durch%20Schnee%20und%20Glatteis%20in%20Deutschland%20bis%202021&text=Die%20Statistik%20zeigt%20die%20Anzahl,und%20Glatteis%20verursacht%20wurden%2C%20gez%C3%A4hlt. (besucht am 15. 12. 2022).

[26] *Unser "Digital Light SSL | HDLichtsystem: ein neuer Meilenstein der automobilen Lichttechnik*. HELLA. 26. Nov. 2019. URL: https://www.hella.com/techworld/de/Lounge/Unser-Digital-Light-SSL-HD-Lichtsystem-ein-neuer-Meilenstein-der-automobilen-Lichttechnik-55548/ (besucht am 15. 12. 2022).

[27] *Digital Light: Millions of Pixels on the Road*. AL. 31. Okt. 2018. URL: https://rt.al.world/en/news/article/digital-light-millions-of-pixels-on-the-road/ (besucht am 25. 10. 2022).

[28] F. Krieft, A. Thoma, B. Willeke, B. Kubitza und M. Kaup. "Symbol Projections: Gain or Gadget?" *13th International Symposium on Automotive Lighting - ISAL 2019: Proceedings of the Conference*. Bd. 18. 2019, S. 321–330.

[29] F. Krieft. "Erweiterung des Funktionsumfangs eines hochaufgelösten Scheinwerfersystems". Masterarbeit. L-LAB und Karlsruher Institut für Technologie, 2019.

[30] M. Budanow. "Entwicklung eines lichtbasierten Fahrerassistenzsystems". Diss. Karlsruher Institut für Technologie (KIT), 2020. 314 S.

[31] S. Liandrat, P. Duthon, F. Bernardin, A. B. Daoued und J.-L. Bicard. "A Review of Cerema PAVIN Fog & Rain Platform: From Past and Back to the Future" (2022).

[32] F. Bernardin, P. Duthon und J.-L. Bicard. "Handbuch: Fog & Rain Facility" (2020).

[33] G. Kortüm. "Einfach- Und Mehrfachstreuung". In: *Reflexionsspektroskopie*. Berlin, Heidelberg: Springer Berlin Heidelberg, 1969, S. 74–105.

[34] W. H. Greulich und U. R. Kilian, Hrsg. *Lexikon der Physik : in sechs Bänden*. Teilw. mit Red. Ulrich Kilian. Heidelberg, 19XX.

[35] WMO, Hrsg. *International Meteorological Vocabulary: = Vocabulaire Météorologique International*. 2. ed. WMO 182. Secretariat of the WMO, 1992. 784 S.

[36] W. Demtröder, Hrsg. *Experimentalphysik 2 : Elektrizität und Optik*. Berlin, Heidelberg, 2009.

[37] J. P. Gehrke und P. Köberle. *Moderne Physik: Von Kosmologie über Quantenmechanik zur Festkörperphysik*. De Gruyter, 7.2017.

[38] R.-H. Giese, E. De Bary, K. Bullrich und C. D. Vinnemann. *TABELLEN DER STREUFUNKTIONEN* $i1(\phi)$, $i2(\phi)$ *UND DES STREUQUERSCHNITTES K(a, m) HOMOGENER KÜGELCHEN NACH DER MIE'SCHEN THEORIE*. Abhandlungen der Deutschen Akademie der Wissenschaften zu Berlin / Klasse für Mathematik, Physik und Technik 6. De Gruyter, 1962.

[39] W. Roedel und T. Wagner. *Physik unserer Umwelt: Die Atmosphäre*. Springer Berlin Heidelberg, 2011.

[40] *Lichtstreuung*. Spektrum - LEXIKON DER OPTIK. 1999. URL: https://www.spektrum.de/lexikon/optik/lichtstreuung/1859 (besucht am 25. 02. 2023).

[41] *Guide to Meteorological Instruments and Methods of Observation*. 7th ed. World Meteorological Organization, 2008.

[42] U. Slabke. *LED-Beleuchtungstechnik: Grundwissen für Planung, Auswahl und Installation*. VDE Verlag GmbH, 2018. 255 S.

[43] H. R. Ris. *Beleuchtungstechnik für Praktiker: Grundlagen, Lampen, Leuchten, Planung, Messung*. 6., aktualisierte und überarbeitete Auflage. VDE Verlag GmbH, 2019. 468 S.

[44] G. A. Reider. *Photonik: Eine Einführung in die Grundlagen*. Springer Berlin Heidelberg, 2022.

[45] G. Kortüm und D. Oelkrug. "Über den Streukoeffizienten der Kubelka-Munk-Theorie". *Zeitschrift für Naturforschung A* 19.1 (1.1964), S. 28–37.

[46] *Lexikon der Optik : in zwei Bänden*. Bd. 2: M bis Z. Spektrum, Akad. Verl., 2003.

[47] H. Hinzpeter und M. Schlegel. *promet*. 15. Deutscher Wetterdienst, 1985. 67 S.

[48] "Light Scattering by Small Particles. By H. C. van de Hulst. New York (John Wiley and Sons), London (Chapman and Hall), 1957. Pp. Xiii, 470; 103 Figs.; 46 Tables. 96s". *Quarterly Journal of the Royal Meteorological Society* 84.360 (1958), S. 198–199.

[49] M. A. Maikowski. "Lichtabsorption in pigmentierten Schichten". *Berichte der Bunsengesellschaft für physikalische Chemie*. Volume 71 (1967), S. 313–326.

[50] P. Duthon, M. Colomb und F. Bernardin. "Fog Classification by Their Droplet Size Distributions: Application to the Characterization of Cerema's Platform". *Atmosphere* 11.6 (4.2020), S. 596.

[51] E. J. McCartney. *Optics of the Atmosphere*. WILEY SERIES IN PURE AND APPLIED OPTICS 14. John Wiley & Sony, 1976.

[52] H. G. Houghton. "The Size and Size Distribution of Fog Particles". *Physics* 2.6 (1932), S. 467–475.

[53] S. S. Muhammad. "Characterization of Fog Attenuation in Terrestrial Free Space Optical Links". *Optical Engineering* 46.6 (1.2007), S. 066001.

[54] J. E. McCartney und F. Freeman. "Optics of the Atmosphere: Scattering by Molecules and Particles". *Physics Today*, (1977).

[55] R. Gibbons und W. Adrian. "Influence of Observation Angle on Road Surface Reflection Characteristics". *Journal of the Illuminating Engineering Society* 26.2 (1997), S. 139–149.

[56] S Onaygil u. a. *CIE 140:2019 Road Lighting Calculations*. 2000.

[57] I. Petrinska, D. Ivanov, D. Pavlov und K. Nikolova. "Road Surface Reflection Properties of Typical for Bulgaria Pavement Materials". *Lux Junior 2015*. 2015.

[58] B. Kleinert, C. Schierz, S. Völker und M. Marutzky. *Anforderungen und Bewertungsmethoden für ein adaptives blendfreies Abblendlicht bei spiegelnden Fahrbahnoberflächen*. Unter Mitarb. von T. U. Ilmenau. Publikationsreihe des Fachgebietes Lichttechnik in Ilmenau Nummer 19. Der Andere Verlag, 2016. 209 S.

[59] C. Schulze. *In Situ-Messungen von Reflexionseigenschaften von Fahrbahnoberflächen = Measuring the reflection of roads in situ*. Fachverlag NW in Carl Ed. Schünemann KG, 2023.

[60] *American National Standard Practice for Roadway Lighting*. 2005 [ed.] Illuminating Engineering Society of North America, 2005.

[61] H. Koschmieder. "Theorie der horizontalen Sichtweite". *Beiträge zur Physik der freien Atmosphäre* 12 (1924), S. 33–53.

[62] M. Kutila, P. Pyykonen, H. Holzhuter, M. Colomb und P. Duthon. "Automotive LiDAR Performance Verification in Fog and Rain". *2018 21st International Conference on Intelligent Transportation Systems (ITSC)*. 2018 21st International Conference on Intelligent

Transportation Systems (ITSC). 2018, S. 1695–1701. (Besucht am 27. 03. 2023).

[63] K. Dahmane u. a. "WeatherEye-Proposal of an Algorithm Able to Classify Weather Conditions from Traffic Camera Images". *Atmosphere* 12.6 (2.2021), S. 717.

[64] N. Hautière und E. Bigorgne. "Meteorological Conditions Processing for Vision-based Traffic Monitoring" (2008).

[65] Bundesministerium für Verkehr und digitale Infrastruktur. *Straßenverkehrs-Ordnung (StVO)*. 2021. URL: https://www.gesetze-im-internet.de/stvo_2013/ (besucht am 20. 03. 2023).

[66] *Streuung und Absorption*. Deutscher Wetterdienst. URL: https://www.dwd.de/DE/forschung/atmosphaerenbeob/zusammensetzung_atmosphaere/aerosol/inh_nav/streuung_und_absorption_node.html#:~:text=Ein%20Extinktionskoeffizient%20von%201%20km,einer%20Sichtweite%20von%204%20km%20. (besucht am 20. 03. 2023).

[67] P. Duthon, M. Colomb und F. Bernardin. "Light Transmission in Fog: The Influence of Wavelength on the Extinction Coefficient". *Applied Sciences* 9.14 (16.2019), S. 2843.

[68] "CHAPTER NINE. INSTRUMENTS FOR MEASURING VISUAL RANGE AND RELATED QUANTITIES". In: W. Middleton. *Vision Through the Atmosphere*. University of Toronto Press, 31. Dez. 1952, S. 175–214.

[69] *Technical Regulations*. 2007 ed. World Meteorological Organization, 2008.

[70] A. Nischwitz, M. Fischer, P. Haberäcker und G. Socher. *Bildverarbeitung: Band II des Standardwerks Computergrafik und Bildverarbeitung*. Springer Fachmedien Wiesbaden, 2020.

[71] G. C. Holst und T. S. Lomheim. *CMOS/CCD Sensors and Camera Systems*. 2. ed. Press Monograph 208. SPIE [u.a.], 2011. 388 S.

[72] A. Erhardt. *Einführung in die digitale Bildverarbeitung: Grundlagen, Systeme und Anwendungen ; mit 35 Beispielen und 44 Aufgaben*. 1. Aufl. Studium. Vieweg + Teubner, 2008. 248 S.

[73] *Bayer_pattern_on_sensor.Svg*. Wikimedia. URL: https://upload.wikimedia.org/wikipedia/commons/3/37/Bayer_pattern_on_sensor.svg (besucht am 12. 03. 2023).

[74] *Bayer_pattern_on_sensor_profile.Svg*. Wikimedia. URL: https://upload.wikimedia.org/wikipedia/commons/1/1c/Bayer_pattern_on_sensor_profile.svg (besucht am 12. 03. 2023).

[75] X. He, P. Beckett und R. R. Unnithan. *Multispectral Image Sensors Using Metasurfaces*. Bd. 17. Progress in Optical Science and Photonics. Springer Singapore, 2021.

[76] K. Hirakawa und T. Parks. "Adaptive Homogeneity-Directed Demosaicing Algorithm". *IEEE Transactions on Image Processing* 14.3 (2005), S. 360–369.

[77] H. Malvar, Li-wei He und R. Cutler. "High-Quality Linear Interpolation for Demosaicing of Bayer-patterned Color Images". *2004 IEEE International Conference on Acoustics, Speech, and Signal Processing*. 2004 IEEE International Conference on Acoustics, Speech, and Signal Processing. Bd. 3. 2004, S. iii–485–8.

[78] *LED: Grundlagen – Applikation – Wirkung*. Licht.de, Fördergemeinschaft Gutes Licht, 2018.

[79] R. Dohlus. *Lichtquellen:* DE GRUYTER, 12.2014.

[80] T. Q. Khanh, P. Bodrogi, Q. T. Vinh und H. Winkler, Hrsg. *LED Lighting: Technology and Perception*. Wiley-VCH Verl, 2015. 492 S.

[81] S. Liu und X. Luo. *LED Packaging for Lighting Applications: Design, Manufacturing and Testing*. Wiley, 2011. 352 S.

[82] W. Burger und M. J. Burge. *Digitale Bildverarbeitung: eine Einführung mit Java und ImageJ ; mit 16 Tabellen.* 2., überarb. Aufl. X.media.press. Springer, 2006. 514 S.

[83] W. Burger und M. J. Burge. *Digitale Bildverarbeitung.* X.media.press. Springer Berlin Heidelberg, 2015.

[84] T. Strutz. *Bilddatenkompression: Grundlagen, Codierung, Wavelets, JPEG, MPEG, H.264 ; mit 72 Tabellen.* 4., überarb. und erg. Aufl. Studium. Vieweg + Teubner, 2009. 394 S.

[85] M. Richter. *Einführung in die Farbmetrik.* De Gruyter, 2011.

[86] *File:RGB Cube Show lowgamma cutout a.png.* Wikimedia. 22. März 2010. URL: https://commons.wikimedia.org/wiki/File:RGB_Cube_Show_lowgamma_cutout_a.png (besucht am 01. 03. 2023).

[87] *Datei:HSV cone.png.* Wikipedia. 13. Juli 2006. URL: https://de.wikipedia.org/wiki/Datei:HSV_cone.png (besucht am 01. 03. 2023).

[88] D. Werner, Hrsg. *Funktionalanalysis.* Berlin, Heidelberg, 2007.

[89] A. Nischwitz, M. Fischer, P. Haberäcker und G. Socher. *Computergrafik: Band I des Standardwerks Computergrafik und Bildverarbeitung.* Springer Fachmedien Wiesbaden, 2019.

[90] J. Prewitt. "Object Enhancement and Extraction". *Picture Processing and Psychopictorics* (1970), S. 415–431.

[91] I. Sobel. "An Isotropic 3x3 Image Gradient Operator". *Presentation at Stanford A.I. Project 1968* (2014).

[92] L. S. Davis. "A Survey of Edge Detection Techniques". *Computer Graphics and Image Processing* 4.3 (1975), S. 248–270. (Besucht am 07. 03. 2023).

[93] L. G. Roberts. *Machine Perception of Three-Dimensional Solids.* 23.1963.

[94] R. Haralick. "Statistical and Structural Approaches to Texture". *Proceedings of the IEEE* 67.5 (1979), S. 786–804.

[95] N. Bauer und F.-A. Vision, Hrsg. *Handbuch zur industriellen Bildverarbeitung: Qualitätssicherung in der Praxis.* 2. Aufl. Vision. Fraunhofer IRB-Verl, 2008. 501 S.

[96] R. M. Haralick, K. Shanmugam und I. Dinstein. "Textural Features for Image Classification". *IEEE Transactions on Systems, Man, and Cybernetics* SMC-3.6 (1973), S. 610–621. (Besucht am 05. 04. 2023).

[97] *graycomatrix*. MathWorks. URL: https://de.mathworks.com/help/images/ref/graycomatrix.html (besucht am 01. 02. 2023).

[98] *graycoprops*. MathWorks. URL: https://de.mathworks.com/help/images/ref/graycoprops.html (besucht am 01. 02. 2023).

[99] C. Schneider. *Entwicklung eines tiefenwahrnehmenden Scheinwerfer-Kamera-Systems.* 1. Auflage. Cuvillier Verlag, 2019. 220 S.

[100] *Unser "Digital Light SSL | HDLichtsystem: ein neuer Meilenstein der automobilen Lichttechnik.* HELLA. 26. Nov. 2019. URL: https://www.hella.com/techworld/de/Lounge/Unser-Digital-Light-SSL-HD-Lichtsystem-ein-neuer-Meilenstein-der-automobilen-Lichttechnik-55548/ (besucht am 02. 03. 2023).

[101] R. Gallen, A. Cord, N. Hautiere und D. Aubert. "Towards Night Fog Detection through Use of In-Vehicle Multipurpose Cameras". *2011 IEEE Intelligent Vehicles Symposium (IV).* 2011 IEEE Intelligent Vehicles Symposium (IV). 2011, S. 399–404.

[102] T. M. Kwon. "ATMOSPHERIC VISIBILITY MEASUREMENTS USING VIDEO CAMERAS: RELATIVE VISIBILITY" (2004).

[103] J. R. Taylor und J. C. Moogan. "Determination of Visual Range during Fog and Mist Using Digital Camera Images". *IOP Conference Series: Earth and Environmental Science* 11 (1.2010), S. 012012.

[104] R. Castelli u. a. "Fog Detection from Camera Images" (2016).

[105] M. Roser und F. Moosmann. "Classification of Weather Situations on Single Color Images". *2008 IEEE Intelligent Vehicles Symposium*. 2008 IEEE Intelligent Vehicles Symposium (IV). 2008, S. 798–803.

[106] X. Cheng, G. Liu, A. Hedman, K. Wang und H. Li. *Expressway visibility estimation based on image entropy and piecewise stationary time series analysis*. 2018. arXiv: 1804.04601.

[107] E. D. Christoph Busch. "Wavelet Transform For Analyzing For Visibility" (1998).

[108] M. Pavlic. *Kamerabasierte Nebeldetektion Und Sichtweitenschätzung Im Fahrzeug*. 2014.

[109] A. Shah. *Through The Eyes of Gabor Filter*. 17. Juni 2018. URL: https://medium.com/@anuj_shah/through-the-eyes-of-gabor-filter-17d1fdb3ac97 (besucht am 06. 05. 2021).

[110] M. Turner. "Texture Discrimination by Gabor Functions". *Biological Cybernetics* 55 (1986), S. 71–82.

[111] F. Guo, J. Tang und X. Xiao. "Foggy Scene Rendering Based on Transmission Map Estimation". *International Journal of Computer Games Technology* 2014 (2014), S. 1–13.

[112] K. Perlin. "An Image Synthesizer". *SIGGRAPH Comput. Graph.* 19.3 (1985), 287–296.

[113] B. Streicher. "Weiterentwicklung der Soft- und Hardware eines optischen Sensors auf Basis eines hochauflösenden Scheinwerfersystems". Bachelorarbeit. L-LAB und Hochschule Nordhausen, 21. Sep. 2021.

[114] Y. Miao. "Aufbau eines aktiven IR-Kamerasystems zur Wetterdetektion". Masterarbeit. L-LAB und Leibniz Universität Hannover, 28. Dez. 2021.

[115] T. Instruments, Hrsg. *DMD 101 - Introduction to DMD technology*. 2009. URL: https://www.ti.com/pdfs/dlpdmd/DMD-101.pdf (besucht am 20. 05. 2023).

[116] *Datenblatt: Industriekameras / LX-Serie VLXT-71C.I - Baumer*. URL: https://www.baumer.com/medias/__secure__/Baumer_VLXT-71C.I_DE_20221110_DS.pdf?mediaPK=9056664289310 (besucht am 05. 10. 2022).

[117] *Datenblatt: WiDy SenS 640 V-ST Camera*.

[118] *Datenblatt: Objektive / Objektivzubehör Obj Kowa LM25XC 25mm/f2,0*.

[119] *Datenblatt: Objektive / Objektivzubehör Obj Kowa LM12XC 12mm/f2,0*.

[120] *Datenblatt: 14.4 Watt Infrared LED Light Emitter - 1550NM IR Beam - IP68 - 9-42VDC - Extreme Environment*.

[121] *Datenblatt: 12W Watt Infrared LED Light Emitter - 1075NM IR Beam - IP68 - 9-42VDC - Extreme Environment*.

[122] E. M. Patterson, C. E. Shelden und B. H. Stockton. "Kubelka-Munk Optical Properties of a Barium Sulfate White Reflectance Standard". *Applied Optics* 16.3 (1.1977), S. 729.

[123] W. Budde. "Standards of Reflectance". *Journal of the Optical Society of America* 50.3 (1.1960), S. 217.

[124] F. Grum und G. W. Luckey. "Optical Sphere Paint and a Working Standard of Reflectance". *Applied Optics* 7.11 (1.1968), S. 2289.

[125] A. Bril und A. Jager-Veenis. "Some Methods of Luminescence Efficiency Measurements". *Journal of Research of the National Bureau of Standards Section A: Physics and Chemistry* 80A.3 (1976), S. 401.

[126] W. Budde. "Calibration of Reflectance Standards". *Journal of Research of the National Bureau of Standards Section A: Physics and Chemistry* 80A.4 (1976), S. 585.

[127] *Bariumsulfat (BaSO4) Beschichtungsservice Mit Bariumsulfat (BaSO4).* URL: https://optopolymer.de/wp-content/uploads/2018/05/OptoPolymer-de.pdf (besucht am 01. 08. 2022).

[128] J. Dubbert, B. Müller und G. Meyer, Hrsg. *Advanced Microsystems for Automotive Applications 2018: Smart Systems for Clean, Safe and Shared Road Vehicles.* Lecture Notes in Mobility. Springer International Publishing, 2019.

[129] T. Yang, Y. Li, Y. Ruichek und Z. Yan. "LaNoising: A Data-driven Approach for 903nm ToF LiDAR Performance Modeling under Fog". *2020 IEEE/RSJ International Conference on Intelligent Robots and Systems (IROS).* 2020 IEEE/RSJ International Conference on Intelligent Robots and Systems (IROS). 24.2020, S. 10084–10091.

[130] M. Jokela, M. Kutila und P. Pyykönen. "Testing and Validation of Automotive Point-Cloud Sensors in Adverse Weather Conditions". *Applied Sciences* 9.11 (7.2019), S. 2341.

[131] R. Gourova, O. Krasnov und A. Yarovoy. "Analysis of Rain Clutter Detections in Commercial 77 GHz Automotive Radar". *2017 European Radar Conference (EURAD).* 2017, S. 25–28.

[132] Y. Li, P. Duthon, M. Colomb und J. Ibanez-Guzman. "What Happens for a ToF LiDAR in Fog?" *IEEE Transactions on Intelligent Transportation Systems* 22.11 (2021), S. 6670–6681.

[133] D. HORIZON. *RVR Runway Visual Range measurement*. (Besucht am 04. 12. 2022).

[134] H. Wang, J. Zhong, D. Feng, J. Meng und N. Xie. "Nanoparticles-Modified Polymer-Based Solar-Reflective Coating as a Cooling Overlay for Asphalt Pavement". *International Journal of Smart and Nano Materials* 4.2 (2013), S. 102–111.

[135] M. Herold. "Understanding Spectral Characteristics of Asphalt Roads" (2004). (Besucht am 10. 09. 2022).

[136] W Adrian und R Jobanputra. "Influence of Pavement Reflectance on Lighting for Parking Lots" (2005).

[137] E. Puttonen, J. Suomalainen, T. Hakala und J. Peltoniemi. "Measurement of Reflectance Properties of Asphalt Surfaces and Their Usability as Reference Targets for Aerial Photos". *IEEE Transactions on Geoscience and Remote Sensing* 47.7 (2009), S. 2330–2339.

[138] *ELASTOPHENE® FLAM 25 AR*. Soprema. URL: https://www.soprema.fr/fr/product/etancheite/bitumineuse/bitume-elastomere/membranes-soudables/gamme-elastophene/elastophene-flam-25-ar (besucht am 26. 01. 2023).

[139] R. A. Young. "The Gaussian Derivative Model for Spatial Vision: I. Retinal Mechanisms". *Spatial Vision* 2.4 (1987), S. 273–293.

[140] S. Wang u. a. "Gabor feature based nonlocal means filter for textured image denoising". *Journal of Visual Communication and Image Representation* 23.7 (2012), S. 1008–1018.

[141] J. G. Daugman. "Two-dimensional spectral analysis of cortical receptive field profiles". *Vision Research* 20.10 (1980), S. 847–856.

[142] L. Hänsel. "Eine Merkmalsextraktion von Scheinwerferreflexionen zur Schätzung der Sichtweite bei Nebel". Masterarbeit. L-LAB und HAWK Hochschule für angewandte Wissenschaft und Kunst, 16. Dez. 2021.

[143] D. Gabor. "Theory of communication". *Journal of the Institution of Electrical Engineers - Part III: Radio and Communication Engineering* 93 (1946), 429 – 441.

[144] S. Marĉelja. "Mathematical description of the responses of simple cortical cells". *J. Opt. Soc. Am.* 70.11 (1980), S. 1297–1300.

[145] United Nations Economic Commission for Europe. *Regulation No. 149: Uniform provisions concerning the approval of road illumination devices (lamps) and systems for power-driven vehicles*. 2017.

[146] E. Mehmeti. "Feature Detection in Adverse Weather and Environmental Conditions with an Optical Sensor". Masterarbeit. L-LAB und Hochschule Karlsruhe Technik und Wirtschaft, 25. Feb. 2021.

[147] F. Krieft und C. Neumann. "Future of headlamps: Optical sensor for rain and fog detection". *14th International Symposium on Automotive Lighting - ISAL 2021: Proceedings of the Conference*. Bd. 19. 2021, S. 152–161.

[148] L. Fastlabend. "Untersuchung einer Straßenzustandserfassung mit einem Scheinwerfer-Kamera-System". Masterarbeit. L-LAB und Fachhochschule Südwestfalen, 16. Nov. 2021.

[149] *VISDOM. ALL-WEATHER AUTOMOTIVE CAMERA SYSTEM*. Bright Way Vision. URL: https://www.brightwayvision.com/product (besucht am 01. 01. 2023).

[150] *DLP9000 - DLP® 0.90 WQXGA Type A DMD*. Texas Instruments. URL: https://www.ti.com/product/DLP9000 (besucht am 16. 01. 2023).

[151] F. Krieft, C. Neumann und M. Niedling. "Headlamp sensor: Visibility sensor based on structured light". *15th International Symposium on Automotive Lighting - ISAL 2023: Proceedings of the Conference*. Bd. 20. 2023.

[152] F. Krieft, C. Neumann und M. Niedling. "Scheinwerfer und Kamera als Sichtweitensensor basierend auf der spektralen Analyse der Rückstreuung". *Lux Junior 2023*. 2023.

[153] M. Gemba. "Aufbau einer LiDAR-Testumgebung und Untersuchung der Auswirkungen von Wettereinfüssen auf das Sensorsignal". Bachelorarbeit. L-LAB und Hochschule Osnabrück, 12. Jan. 2021.

[154] F. Krieft und C. Tebrügge. "Vorrichtung zur Erkennung einer Wetterbedingung in einem Fahrzeugvorfeld". Patent DE: 10 2020 112 488.0. 2020.

[155] F. Krieft. "Sichtweitenerkennung über Eindringtiefe der elektromagnetischen Strahlung". Patent DE: 10 2023 115 338.2. 2023.

[156] F. Krieft. "Vorrichtung und Verfahren zur Objekt- und Zustandserkennung in einem Fahrzeugvorfeld". Patent DE: 10 2023 115 243.2. 2023.

[157] F. Krieft. "Vorrichtung und Verfahren zur Ermittlung einer Fahrbahnbeschaffenheit". Patent DE: 10 2023 115 247.5. 2023.

[158] F. Krieft. "Verfahren zur Bestimmung einer Sichtweite, Scheinwerfer und Fahrzeug". Patent DE: 10 2023 118 033.9. 2023.

[159] F. Krieft. "Vorrichtung und Verfahren zur Ermittlung einer Sichtweite". Patent DE: 10 2022 107 328.9. 2022.

[160] F. Krieft. “Vorrichtung und Verfahren zur Erfassung eines Niederschlags”. Patent DE: 10 2022 107 333.5. 2022.

[161] F. Krieft. “Verfahren und Vorrichtung zur Untersuchung von Aerosolen vor einem Kraftfahrzeug”. Patent DE: 10 2022 130 012.9. 2022.

[162] F. Krieft. “Vorrichtung und Verfahren zur Ermittlung einer Sichtweite in einem Fahrzeug”. Patent DE: 10 2023 114 568.1. 2023.

[163] F. Krieft. “Vorrichtung und Verfahren zur Umfelderfassung eines Fahrzeugs”. Patent DE: 10 2022 107 950.3. 2022.

Eigene Veröffentlichungen

Nachfolgend sind schriftliche Beiträge sowie einige Patente aufgeführt, die im Rahmen dieser Arbeit bis zum Zeitpunkt der Abgabe entstanden und ebenso für selbige relevant sind. Zusätzlich sind die Abschlussarbeiten der betreuten Studierenden aufgelistet.

Beiträge

[28] F. Krieft, A. Thoma, B. Willeke, B. Kubitza und M. Kaup. "Symbol Projections: Gain or Gadget?" *13th International Symposium on Automotive Lighting - ISAL 2019: Proceedings of the Conference*. Bd. 18. 2019, S. 321–330.

[147] F. Krieft und C. Neumann. "Future of headlamps: Optical sensor for rain and fog detection". *14th International Symposium on Automotive Lighting - ISAL 2021: Proceedings of the Conference*. Bd. 19. 2021, S. 152–161.

[151] F. Krieft, C. Neumann und M. Niedling. "Headlamp sensor: Visibility sensor based on structured light". *15th International Symposium on Automotive Lighting - ISAL 2023: Proceedings of the Conference*. Bd. 20. 2023.

[152] F. Krieft, C. Neumann und M. Niedling. "Scheinwerfer und Kamera als Sichtweitensensor basierend auf der spektralen Analyse der Rückstreuung". *Lux Junior 2023*. 2023.

Eingereichte Patentschriften

[154] F. Krieft und C. Tebrügge. "Vorrichtung zur Erkennung einer Wetterbedingung in einem Fahrzeugvorfeld". Patent DE: 10 2020 112 488.0. 2020.

[155] F. Krieft. "Sichtweitenerkennung über Eindringtiefe der elektromagnetischen Strahlung". Patent DE: 10 2023 115 338.2. 2023.

[156] F. Krieft. "Vorrichtung und Verfahren zur Objekt- und Zustandserkennung in einem Fahrzeugvorfeld". Patent DE: 10 2023 115 243.2. 2023.

[157] F. Krieft. "Vorrichtung und Verfahren zur Ermittlung einer Fahrbahnbeschaffenheit". Patent DE: 10 2023 115 247.5. 2023.

[158] F. Krieft. "Verfahren zur Bestimmung einer Sichtweite, Scheinwerfer und Fahrzeug". Patent DE: 10 2023 118 033.9. 2023.

[159] F. Krieft. "Vorrichtung und Verfahren zur Ermittlung einer Sichtweite". Patent DE: 10 2022 107 328.9. 2022.

[160] F. Krieft. "Vorrichtung und Verfahren zur Erfassung eines Niederschlags". Patent DE: 10 2022 107 333.5. 2022.

[161] F. Krieft. "Verfahren und Vorrichtung zur Untersuchung von Aerosolen vor einem Kraftfahrzeug". Patent DE: 10 2022 130 012.9. 2022.

[162] F. Krieft. "Vorrichtung und Verfahren zur Ermittlung einer Sichtweite in einem Fahrzeug". Patent DE: 10 2023 114 568.1. 2023.

[163] F. Krieft. "Vorrichtung und Verfahren zur Umfelderfassung eines Fahrzeugs". Patent DE: 10 2022 107 950.3. 2022.

Betreute studentische Arbeiten

[113] B. Streicher. "Weiterentwicklung der Soft- und Hardware eines optischen Sensors auf Basis eines hochauflösenden Scheinwerfersystems". Bachelorarbeit. L-LAB und Hochschule Nordhausen, 21. Sep. 2021.

[114] Y. Miao. "Aufbau eines aktiven IR-Kamerasystems zur Wetterdetektion". Masterarbeit. L-LAB und Leibniz Universität Hannover, 28. Dez. 2021.

[142] L. Hänsel. "Eine Merkmalsextraktion von Scheinwerferreflexionen zur Schätzung der Sichtweite bei Nebel". Masterarbeit. L-LAB und HAWK Hochschule für angewandte Wissenschaft und Kunst, 16. Dez. 2021.

[146] E. Mehmeti. "Feature Detection in Adverse Weather and Environmental Conditions with an Optical Sensor". Masterarbeit. L-LAB und Hochschule Karlsruhe Technik und Wirtschaft, 25. Feb. 2021.

[148] L. Fastlabend. "Untersuchung einer Straßenzustandserfassung mit einem Scheinwerfer-Kamera-System". Masterarbeit. L-LAB und Fachhochschule Südwestfalen, 16. Nov. 2021.

[153] M. Gemba. "Aufbau einer LiDAR-Testumgebung und Untersuchung der Auswirkungen von Wettereinfüssen auf das Sensorsignal". Bachelorarbeit. L-LAB und Hochschule Osnabrück, 12. Jan. 2021.

Tabellenverzeichnis

Abbildungsverzeichnis

Abkürzungen und Symbole

Abkürzungen

AI	Artificial Intelligence
AP	Aufsetzpunkt
CEO	Chief Executive Officer
CEREMA	Climat & Territoireas de Damain
CIE	International Commision on Illumination
CMOS	Complementary Metal Oxide Semiconductor
DC	Direct Current
DLP	Digital Light Processing
DoG	Difference of Gaussian
ECE	Economic Comission for Europe
FoV	Field of View
GCLM	Grauwertübergangsmatrix
HSV	Farbwert (hue), Farbsättigung (saturation), Hellwert (value)
InGaAs	Indiumgalliumarsenid
IR	Infrared
KBA	Kraftfahrt Bundesamt
KIT	Karlsruher Institut für Technologie

LED	Light-Emitting Diode
LiDAR	Light Detection and Ranging
LTI	Lichttechnisches Institut (KIT)
MOR	Meteorological Optical Range
OLA	Optical Lane Assistant
Radar	Radio Detection and Ranging
RCCB	Red Clear Clear Blue
RGB	Red Green Blue
RGGB	Red Green Green Blue
SNR	Signal-Rausch-Verhältnis
StVO	Straßenverkehrs-Ordnung
USB	Universal Serial-Bus
VIS	Visible (hier: Licht)
WMO	World Meteorological Organization

LATEINISCHE SYMBOLE UND VARIABLEN

B	Bilddaten
C	Kontrast
C_0	Kontrast ohne Beeinflussung

C_{X_D}	Kontrast zum Objekt mit dem Abstand x_D
C'_V	Grauwertübergangsmatrix
$c'_{V,ij}$	Element der Grauwertübergangsmatrix an Position i,j
V	Verschiebungsvektor (Schreibweise Quelle, angepasste Schreibweise)
d_P	Partikeldurchmesser
e	Eulersche Zahl
E	Strahlungsfluss
F	Empfangene Strahlung
F_0	Ausgesandte Strahlung
g	Grauwert
G ,G_x, G_y	Filterkern
H_C	Homogenität der Grauwertübergangsmatrix
I	Strahlstärke
I_S	Intensität gestreutes Licht
K	Quantisierungsstufen
K_C	Kontrast der Grauwertübergangsmatrix
L_b	Leuchtdichte Körper
L_h	Leuchtdichte Horizont
P	Sichtweitenwert (nach der MOR)
R	Teilchenradius
T	Transmissionskoeffizient
x_D	Abstand Sender zu Empfänger

GRIECHISCHE SYMBOLE UND VARIABLEN

ϑ	Abstrahlwinkel
λ	Wellenlänge
π	Kreiszahl
σ	Standardabweichung
σ_a	Absorptionskoeffizient
σ_{diff}	differentieller Streuquerschnitt
σ_e	Extinktionskoeffizient
σ_{rel}	relativer Streuquerschnitt
σ_s	Streuungskoeffizient
σ_{tot}	totaler Streuquerschnitt
Φ	Strahlungsfluss
Φ_V	Lichtstrom im Volumen V
ϕ	Streuwinkel
φ	Abstrahlwinkel
ω	Raumwinkel

OPERATOREN UND MATHEMATISCHE SYMBOLE

∇_x, ∇_y	Gradient in x- beziehungsweise y-Richtung

Anhang

A1 Ergänzung zum Unterkapitel 6.1

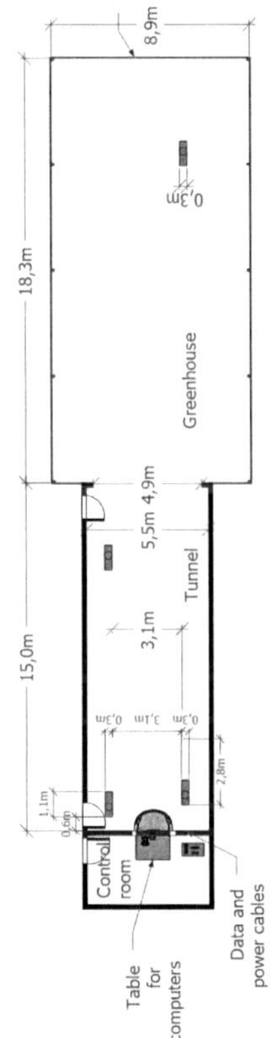

Abbildung A1: Lageplan der Nebelkammer von CEREMA [32]

A2 ERGÄNZUNG ZUM UNTERKAPITEL 6.4

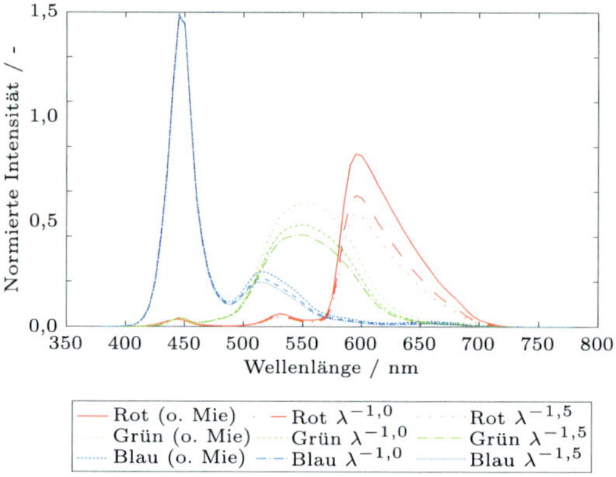

Abbildung A2: Die mit dem normierten LED-Spektrum des Scheinwerfermoduls gewichteten Farbkanäle der seitlichen Kamera 2 mit dem 25 mm Objektiv. Dargestellt sind die Werte für das unbeeinflusste Spektrum und die inklusive der in der Mie-Theorie beschriebenen Proportionalitäten von $\lambda^{-1,0}$ und $\lambda^{-1,5}$.

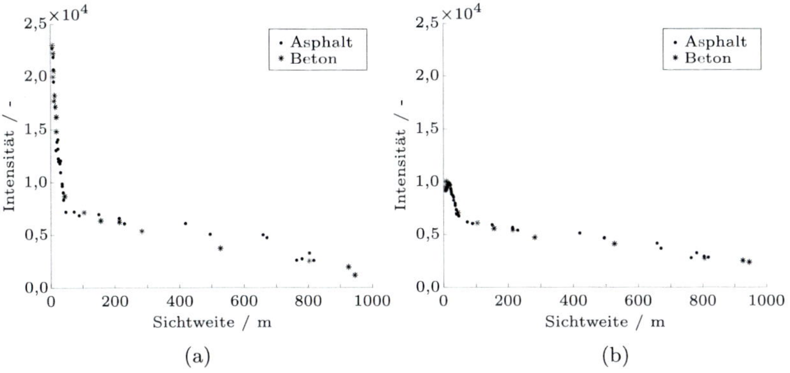

Abbildung A3: Intensitätsverläufe der Streuung im Nebel mit dem Asphalt- und dem Betonuntergrund im (a) Luft-Bereich und (b) Luft-Boden-Bereich der seitlichen Kamera 2.

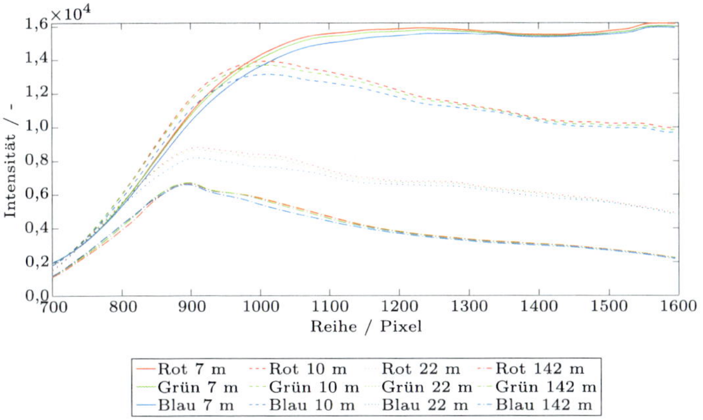

Abbildung A4: Intensitätsverläufe über die Pixelreihen gemittelt aus Kameraperspektive 1 bei Einsatz vom Betonuntergrund.

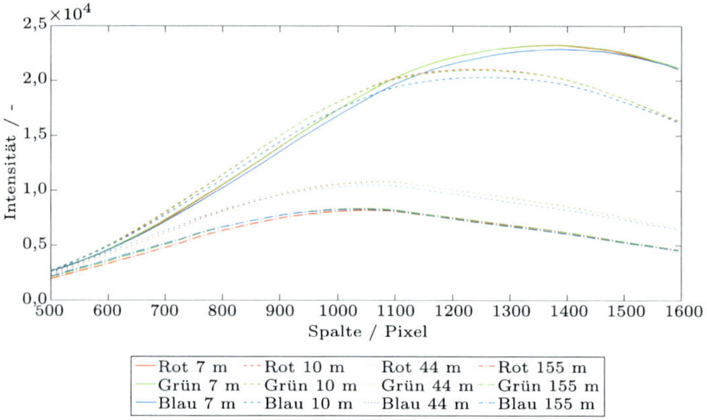

Abbildung A5: Intensitätsverläufe über die Pixelreihen gemittelt aus Kameraperspektive 2 beim Betonuntergrund.

A3 ERGÄNZUNG ZUM UNTERKAPITEL 6.6

Linienabstand	optimaler Rotationswinkel
0,08°	4,68°
0,16°	4,69°
0,31°	4,49°
0,62°	4,32°
1,25°	4,25°
1,87°	4,43°
2,50°	4,31°
3,12°	4,49°
3,74°	4,49°
4,37°	4,43°
4,99°	4,67°
5,62°	4,86°
6,24°	5,23°
6,86°	5,41°

Tabelle A1: Rotationen mit den dazugehören Projektionen aufgenommen mit der oberen Kamera 2 der zwei 1,25° breiten Linien (Projektion *Linienabstand*) mit den in der Tabelle geschriebenen Abständen, die zur Berechnung der optimalen Rotation aus dem Unterkapitel 6.6 genutzt werden. Die Drehung wurde in 0,01° Schritten durchgeführt. Die positiven Werte stehen für eine Drehung im Uhrzeigersinn.

Linienabstand	optimaler Rotationswinkel
0,08°	-0,44°
0,16°	-0,51°
0,31°	-0,51°
0,62°	-0,43°
1,25°	-0,40°
1,87°	-0,25°
2,50°	-0,11°
3,12°	0,00°
3,74°	0,00°
4,37°	0,00°
4,99°	-0,23°
5,62°	0,00°
6,24°	-0,40°
6,86°	-0,21°
7,49°	-0,65°
6,86°	-0,68°
8,74°	-0,68°

Tabelle A2: Rotationen mit den dazugehören Projektionen aufgenommen mit der oberen Kamera 1 der zwei 1,25° breiten Linien (Projektion *Linienabstand*) mit den in der Tabelle geschriebenen Abständen, die zur Berechnung der optimalen Rotation aus dem Unterkapitel 6.6 genutzt werden. Die Drehung wurde in 0,01° Schritten durchgeführt. Die negativen Werte stehen für eine Drehung gegen den Uhrzeigersinn.

Sichtweite	Linienbreite	Mittelwert ∇_x	∇_x normiert
7 m	0,62°	99,2	53 %
7 m	1,25°	187,2	100 %
7 m	2,50°	310,4	166 %
7 m	15,00°	533,7	285 %
100 m	0,62°	27,4	52 %
100 m	1,25°	52,5	100 %
100 m	2,50°	86,9	166 %
100 m	15,00°	122,2	233 %
1000 m	0,62°	7,1	51 %
1000 m	1,25°	14,0	100 %
1000 m	2,50°	24,8	177 %
1000 m	15,00°	39,2	280 %

Tabelle A3: Werte des Mittelwertes von ∇_x vom Luft-Bereich der Kamera 1 bei unterschiedlichen Sichtweiten und unterschiedlichen Linienbreiten. Für die Vergleichbarkeit dient die Spalte der normierten Mittelwerte vom ∇_x.

Sichtweite	Linienbreite	Mittelwert ∇_x	∇_x normiert
18 m	0,62°	67,9	53 %
18 m	1,25°	115,5	100 %
18 m	2,50°	151,9	166 %
18 m	15,00°	183,7	159 %
100 m	0,62°	50,1	61 %
100 m	1,25°	82,6	100 %
100 m	2,50°	102,7	124 %
100 m	15,00°	114,4	138 %
1000 m	0,6°2	18,7	57 %
1000 m	1,25°	32,6	100 %
1000 m	2,50°	39,8	122 %
1000 m	15,00°	44,3	136 %

Tabelle A4: Werte des Mittelwertes von ∇_x des Luft-Boden und Übergangsbereiches der Kamera 1 bei unterschiedlichen Sichtweiten und unterschiedlichen Linienbreiten. Für die Vergleichbarkeit dient die Spalte der normierten Mittelwerte vom ∇_x.

Sichtweite	Linienbreite	Mittelwert ∇_y	∇_y normiert
7 m	0,62°	147,1	54 %
7 m	1,25°	271,6	100 %
7 m	2,50°	429,8	158 %
7 m	10,00°	515,1	190 %
100 m	0,62°	62,6	62 %
100 m	1,25°	100,4	100 %
100 m	2,50°	146,2	146 %
100 m	10,00°	167,6	167 %
1000 m	0,62°	19,0	46 %
1000 m	1,25°	41,2	100 %
1000 m	2,50°	60,4	147 %
1000 m	10,00°	51,8	126 %

Tabelle A5: Werte des Mittelwertes von ∇_y des Luft-Bereiches der Kamera 2 bei unterschiedlichen Sichtweiten und unterschiedlichen Linienbreiten. Für die Vergleichbarkeit dient die Spalte der normierten Mittelwerte von ∇_y.

Sichtweite	Linienbreite	Mittelwert ∇_y	∇_y normiert
18 m	0,62°	94,3	65 %
18 m	1,25°	145,1	100 %
18 m	2,50°	180,4	124 %
18 m	10,00°	206,0	142 %
100 m	0,62°	69,7	71 %
100 m	1,25°	98,1	100 %
100 m	2,50°	115,9	118 %
100 m	10,00°	127,1	130 %
1000 m	0,62°	22,2	61 %
1000 m	1,25°	36,4	100 %
1000 m	2,50°	42,7	117 %
1000 m	10,00°	55,0	151 %

Tabelle A6: Werte des Mittelwertes von ∇_y des Luft-Boden und Übergangsbereiches der Kamera 2 bei unterschiedlichen Sichtweiten und unterschiedlichen Linienbreiten. Für die Vergleichbarkeit dient die Spalte der normierten Mittelwerte von ∇_y.

Sichtweite	Projektionsart	Linienabstand	Mittelwert ∇_x	∇_x normiert
7 m	2 x 1,25°	6,24°	296,6	158 %
7 m	1 x 1,25°	-	187,2	100 %
7 m	1 x 2,50°	-	310,4	166 %
100 m	2 x 1,25°	6,24°	93,4	179 %
100 m	1 x 1,25°	-	52,3	100 %
100 m	1 x 2,50°	-	85,7	164 %
1000 m	2 x 1,25°	6,24°	26,6	190 %
1000 m	1 x 1,25°	-	14,0	100 %
1000 m	1 x 2,50°	-	24,8	177 %

Tabelle A7: Werte des Mittelwertes vom ∇_x des Luft-Bereichs der Kamera 1 bei unterschiedlichen Sichtweiten und Linienabständen und Linienanzahlen. Für die Vergleichbarkeit dient die Spalte der normierten Mittelwerte von ∇_x

Sichtweite	Projektionsart	Linienabstand	Mittelwert ∇_x	∇_x normiert
18 m	2 x 1,25°	2,50°	203,4	176 %
18 m	1 x 1,25°	-	115,5	100 %
18 m	1 x 2,50°	-	151,9	132 %
100 m	2 x 1,25°	2,50°	151,5	183 %
100 m	1 x 1,25°	-	82,6	100 %
100 m	1 x 2,50°	-	102,1	124 %
1000 m	2 x 1,25°	2,50°	62,6	192 %
1000 m	1 x 1,25°	-	32,6	100 %
1000 m	1 x 2,50°	-	39,8	122 %

Tabelle A8: Werte des Mittelwertes von ∇_x des Luft-Boden- und Übergangsbereiches der Kamera 1 bei unterschiedlichen Sichtweiten und unterschiedlichen Linienbreiten sowie Linienanzahlen. Für die Vergleichbarkeit dient die Spalte der normierten Mittelwerte von ∇_x

Sichtweite	Projektionsart	Linienabstand	Mittelwert ∇_y	∇_y normiert
7 m	2 x 1,25°	3,12°	458,3	169 %
7 m	2 x 1,25°	2,50°	443,6	163 %
7 m	2 x 1,25°	0,08°	416,1	153 %
7 m	1 x 1,25°	-	271,7	100 %
7 m	1 x 2,50°	-	429,8	158 %
100 m	2 x 1,25°	3,12°	176,2	166 %
100 m	2 x 1,25°	2,50°	176,4	166 %
100 m	2 x 1,25°	0,08°	143,8	135 %
100 m	1 x 1,25°	-	106,4	100 %
100 m	1 x 2,50°	-	146,2	137 %
1000 m	2 x 1,25°	3,12°	52,6	128 %
1000 m	2 x 1,25°	2,50°	49,5	120 %
1000 m	2 x 1,25°	0,08°	37,0	90 %
1000 m	1 x 1,25°	-	41,2	100 %
1000 m	1 x 2,50°	-	60,4	146 %

Tabelle A9: Werte des Mittelwertes von ∇_y des Luft-Bereiches der Kamera 2 bei unterschiedlichen Sichtweiten und unterschiedlichen Linienbreiten sowie Linienanzahlen. Für die Vergleichbarkeit dient die Spalte der normierten Mittelwerte von ∇_y

Sichtweite	Projektionsart	Linienabstand	Mittelwert ∇_y	∇_y normiert
18 m	2 x 1,25°	3,12°	242,3	159 %
18 m	2 x 1,25°	2,50°	248,0	163 %
18 m	2 x 1,25°	0,08°	170,7	112 %
18 m	1 x 1,25°	-	152,0	100 %
18 m	1 x 2,50°	-	180,4	119 %
100 m	2 x 1,25°	3,12°	166,4	161 %
100 m	2 x 1,25°	2,50°	172,4	167 %
100 m	2 x 1,25°	0,08°	114,9	111 %
100 m	1 x 1,25°	-	103,2	100 %
100 m	1 x 2,50°	-	115,9	112 %
1000 m	2 x 1,25°	3,12°	70,3	193 %
1000 m	2 x 1,25°	2,50°	71,9	198 %
1000 m	2 x 1,25°	0,08°	42,9	118 %
1000 m	1 x 1,25°	-	36,4	100 %
1000 m	1 x 2,50°	-	42,7	117 %

Tabelle A10: Werte des Mittelwertes von ∇_y des Luft-Boden und Übergangsbereiches der Kamera 2 bei unterschiedlichen Sichtweiten und unterschiedlichen Linienbreiten sowie Linenanzahlen. Für die Vergleichbarkeit dient die Spalte der normierten Mittelwerte von ∇_y

Sichtweite	Projektionsart	Mittelwert ∇_x	∇_x normiert
7 m	5 x 1,25°	338,2	181 %
7 m	3 x 1,25°	297,6	159 %
7 m	2 x 1,25°	265,6	142 %
7 m	1 x 1,25°	187,2	100 %
100 m	5 x 1,25°	108,4	206 %
100 m	3 x 1,25°	89,1	170 %
100 m	2 x 1,25°	75,6	144 %
100 m	1 x 1,25°	52,5	100 %
1000 m	5 x 1,25°	31,7	226 %
1000 m	3 x 1,25°	25,6	183 %
1000 m	2 x 1,25°	23,6	169 %
1000 m	1 x 1,25°	14,0	100 %

Tabelle A11: Werte des Mittelwertes von ∇_x des Luft-Bereich der Kamera 1 bei unterschiedlichen Sichtweiten und unterschiedlichen Linienanzahlen. Für die Vergleichbarkeit dient die Spalte der normierten Mittelwerte von ∇_x.

Sichtweite	Projektionsart	Mittelwert ∇_x	∇_x normiert
18 m	5 x 1,25°	331,5	294 %
18 m	3 x 1,25°	245,7	218 %
18 m	2 x 1,25°	187,1	166 %
18 m	1 x 1,25°	112,6	100 %
100 m	5 x 1,25°	268,6	326 %
100 m	3 x 1,25°	192,1	233 %
100 m	2 x 1,25°	140,6	170 %
100 m	1 x 1,25°	82,3	100 %
1000 m	5 x 1,25°	109,0	334 %
1000 m	3 x 1,25°	79,0	242 %
1000 m	2 x 1,25°	59,2	182 %
1000 m	1 x 1,25°	32,6	100 %

Tabelle A12: Werte des Mittelwertes von ∇_x des Luft-Boden- sowie Übergangsbereich der Kamera 1 bei unterschiedlichen Sichtweiten und unterschiedlichen Linienanzahlen. Für die Vergleichbarkeit dient die Spalte der normierten Mittelwerte von ∇_x.

Sichtweite	Projektionsart	Mittelwert ∇_y	∇_y normiert
7 m	3 x 1,25°	439,8	162 %
7 m	2 x 1,25°	369,6	136 %
7 m	1 x 1,25°	271,6	100 %
100 m	3 x 1,25°	189,2	188 %
100 m	2 x 1,25°	150,2	150 %
100 m	1 x 1,25°	100,4	100 %
1000 m	3 x 1,25°	52,8	128 %
1000 m	2 x 1,25°	43,6	106 %
1000 m	1 x 1,25°	41,2	100 %

Tabelle A13: Werte des Mittelwertes von ∇_y des Luft-Bereich der Kamera 2 bei unterschiedlichen Sichtweiten und unterschiedlichen Linienanzahlen. Für die Vergleichbarkeit dient die Spalte der normierten Mittelwerte von ∇_y.

Sichtweite	Projektionsart	Mittelwert ∇_y	∇_y normiert
18 m	3 x 1,25°	318,6	220 %
18 m	2 x 1,25°	246,9	170 %
18 m	1 x 1,25°	145,1	100 %
100 m	3 x 1,25°	235,5	240 %
100 m	2 x 1,25°	175,3	138 %
100 m	1 x 1,25°	98,1	100 %
1000 m	3 x 1,25°	93,2	256 %
1000 m	2 x 1,25°	65,5	180 %
1000 m	1 x 1,25°	36,4	100 %

Tabelle A14: Werte des Mittelwertes von ∇_y im Luft-Boden- und Übergangsbereich der Kamera 2 bei unterschiedlichen Sichtweiten und unterschiedlichen Linienanzahlen. Für die Vergleichbarkeit dient die Spalte der normierten Mittelwerte von ∇_y.

Sichtweite	Projektionsart	Mittelwert ∇_x	∇_x normiert	$\Delta\nabla_x$
7 m	Linienbreite 15,00°	533,7	285 %	-
7 m	Linienanzahl 5	338,2	181 %	-
7 m	Linienbreite 2,50°	310,4	166 %	-
7 m	Linienabstand 6,25°	296,6	158 %	-
7 m	Linienbreite 1,25°	187,2	100 %	-
100 m	Linienbreite 15,00°	122,2	233 %	411,5
100 m	Linienanzahl 5	108,4	206 %	229,8
100 m	Linienbreite 2,50°	86,9	166 %	223,5
100 m	Linienabstand 6,25°	93,4	178 %	203,2
100 m	Linienbreite 1,25°	52,5	100 %	134,7
1000 m	Linienbreite 15,00°	39,2	228 %	494,5
1000 m	Linienanzahl 5	31,7	184 %	306,5
1000 m	Linienbreite 2,50°	24,8	144 %	285,6
1000 m	Linienabstand 6,25°	26,6	155 %	270,0
1000 m	Linienbreite 1,25°	17,2	100 %	170,0

Tabelle A15: Werte des Mittelwertes von ∇_x im Luft-Bereich der Kamera 1 bei unterschiedlichen Projektionsarten und unterschiedlichen Sichtweiten. Für die Vergleichbarkeit dient die Spalte der normierten Mittelwerte von ∇_x. $\Delta\nabla_x$ steht für die Differenz der Gradienten der aktuellen Zeile zum Wert bei minimaler Sichtweite.

Sichtweite	Projektionsart	Mittelwert ∇_x	∇_x normiert	$\Delta\nabla_x$
18 m	Linienbreite 15,00°	183,7	159 %	-
18 m	Linienanzahl 5	331,5	287 %	-
18 m	Linienbreite 2,50°	151,9	132 %	-
18 m	Linienabstand 2,50°	203,4	176 %	-
18 m	Linienbreite 1,25°	115,5	100 %	-
100 m	Linienbreite 15,00°	114,4	138 %	69,3
100 m	Linienanzahl 5	268,6	347 %	62,9
100 m	Linienbreite 2,50°	102,7	124 %	49,2
100 m	Linienabstand 2,50°	151,5	183 %	51,9
100 m	Linienbreite 1,25°	82,6	100 %	32,9
1000 m	Linienbreite 15,00°	44,3	136 %	139,4
1000 m	Linienanzahl 5	111,3	341 %	220,2
1000 m	Linienbreite 2,50°	39,8	122 %	112,1
1000 m	Linienabstand 2,50°	62,6	192 %	140,8
1000 m	Linienbreite 1,25°	32,6	100 %	82,9

Tabelle A16: Werte des Mittelwertes von ∇_x im Luft-Boden und Übergangsbereich der Kamera 1 bei unterschiedlichen Projektionsarten und unterschiedlichen Sichtweiten. Für die Vergleichbarkeit dient die Spalte der normierten Mittelwerte von ∇_x. $\Delta\nabla_x$ steht für die Differenz der Gradienten der aktuellen Zeile zum Wert bei minimaler Sichtweite.

Sichtweite	Projektionsart	Mittelwert ∇_y	∇_y normiert	$\Delta\nabla_y$
7 m	Linienbreite 10,00°	515,1	190 %	-
7 m	Linienanzahl 3	439,8	162 %	-
7 m	Linienbreite 2,50°	429,8	158 %	-
7 m	Linienabstand 3,12°	458,2	169 %	-
7 m	Linienbreite 1,25°	271,6	100 %	-
100 m	Linienbreite 10,00°	167,6	167 %	347,5
100 m	Linienanzahl 3	189,2	188 %	250,6
100 m	Linienbreite 2,50°	146,2	146 %	283,6
100 m	Linienabstand 3,12°	176,2	175 %	282,0
100 m	Linienbreite 1,25°	100,4	100 %	171,2
1000 m	Linienbreite 10,00°	51,8	126 %	463,3
1000 m	Linienanzahl 3	52,8	128 %	387,0
1000 m	Linienbreite 2,50°	60,4	147 %	369,4
1000 m	Linienabstand 3,12°	52,6	128 %	405,6
1000 m	Linienbreite 1,25°	41,2	100 %	230,4

Tabelle A17: Werte des Mittelwertes von ∇_y im Luft-Bereich der Kamera 2 bei unterschiedlichen Projektionsarten und unterschiedlichen Sichtweiten. Für die Vergleichbarkeit dient die Spalte der normierten Mittelwerte von ∇_y. $\Delta\nabla_y$ steht für die Differenz der Gradienten der aktuellen Zeile zum Wert bei minimaler Sichtweite.

Sichtweite	Projektionsart	Mittelwert ∇_y	∇_y normiert	$\Delta\nabla_y$
18 m	Linienbreite 10,00°	206,0	142 %	-
18 m	Linienanzahl 3	318,6	220 %	-
18 m	Linienbreite 2,50°	180,4	124 %	-
18 m	Linienabstand 2,50°	248,0	171 %	-
18 m	Linienbreite 1,25°	145,1	100 %	-
100 m	Linienbreite 10,00°	127,1	130 %	78,9
100 m	Linienanzahl 3	235,5	240 %	83,1
100 m	Linienbreite 2,50°	115,9	118 %	64,5
100 m	Linienabstand 2,50°	172,4	176 %	75,6
100 m	Linienbreite 1,25°	98,1	100 %	47,0
1000 m	Linienbreite 10,00°	55,0	151 %	151,0
1000 m	Linienanzahl 3	93,2	256 %	225,4
1000 m	Linienbreite 2,50°	42,7	117 %	137,7
1000 m	Linienabstand 2,50°	71,9	198 %	176,1
1000 m	Linienbreite 1,25°	36,4	100 %	108,7

Tabelle A18: Werte des Mittelwertes von ∇_y im Luft-Bereich der Kamera 2 bei unterschiedlichen Projektionsarten und unterschiedlichen Sichtweiten. Für die Vergleichbarkeit dient die Spalte der normierten Mittelwerte von ∇_y. $\Delta\nabla_y$ steht für die Differenz der Gradienten der aktuellen Zeile zum Wert bei minimaler Sichtweite.

SPEKTRUM DER LICHTTECHNIK

Lichttechnisches Institut Karlsruher Institut für Technologie (KIT)

ISSN 2195-1152

Band 1 Christian Jebas
Physiologische Bewertung aktiver und passiver Lichtsysteme im Automobil.
ISBN 978-3-86644-937-4

Band 2 Jan Bauer
Effiziente und optimierte Darstellungen von Informationen auf Grafikanzeigen im Fahrzeug.
ISBN 978-3-86644-961-9

Band 3 Christoph Kaiser
Mikrowellenangeregte quecksilberfreie Hochdruckgasentladungslampen.
ISBN 978-3-7315-0039-1

Band 4 Manfred Scholdt
Temperaturbasierte Methoden zur Bestimmung der Lebensdauer und Stabilisierung von LEDs im System.
ISBN 978-3-7315-0044-5

Band 5 André Domhardt
Analytisches Design von Freiformoptiken für Punktlichtquellen.
ISBN 978-3-7315-0054-4

Band 6 Franziska Herrmann
Farbmessung an LED-Systemen.
ISBN 978-3-7315-0173-2

Band 7 Simon Wendel
Freiform-Optiken im Nahfeld von LEDs.
ISBN 978-3-7315-0251-7

Band 8 Carmen Kettwich
Ablenkung im Straßenverkehr und deren Einfluss auf das Fahrverhalten.
ISBN 978-3-7315-0288-3

Band 9 Steffen Michenfelder
Konzeption, Realisierung und Verifikation eines automobilen Forschungsscheinwerfers auf Basis von Digitalprojektoren.
ISBN 978-3-7315-0301-9

Band 10 Celal Mohan Ögün
Surface wave driven molecular low pressure plasmas for general lighting.
ISBN 978-3-7315-0464-1

Band 11 Theresa Bonenberger
LED Farbmischung mit chaotischen Lichtleitern.
ISBN 978-3-7315-0480-1

Band 12 Michael Schöne
Diffraktive Optiken im Automobil: Achromatisierung, Athermalisierung, Formung von Scheinwerferlichtverteilungen.
ISBN 978-3-7315-0613-3

Band 13 Tobias Werner
Simulation, Aufbau und Charakterisierung von autostereoskopischen Display-Systemen im Fahrzeugbereich.
ISBN 978-3-7315-0617-1

Band 14 Christian Herbold
Entwicklung und Herstellung naturähnlich verzweigter Kühlkörper für LED-Systeme.
ISBN 978-3-7315-0635-5

Band 15 Carsten Gut
Laserbasierte hochauflösende Pixellichtsysteme.
ISBN 978-3-7315-0710-9

Band 16 Annie Shalom Samji Isaac Chandra
Intelligent Freeform Deformation for LED Illumination Optics.
ISBN 978-3-7315-0741-3

Band 17 Ingo Rotscholl
Spectral near field data of LED systems for optical simulations.
ISBN 978-3-7315-0750-5

Band 18 Inca Leopoldo Sayanca
Sensorfusion zur Kompensation von Messfehlern bei kamerabasierter Farbverteilungsmessung.
ISBN 978-3-7315-0830-4

Band 19 Benjamin Schulz
Weiterentwicklung der Beleuchtungseinheit LED-basierter Projektionssysteme.
ISBN 978-3-7315-0865-6

Band 20 Said Omerbegovic
Prädiktive Lichtfunktionen für volladaptive Scheinwerfersysteme.
ISBN 978-3-7315-0875-5

Band 21 Patric Jahn
Bewertungsmodell zur Evaluation hochauflösender, lichtbasierter Fahrerassistenzsysteme.
ISBN 978-3-7315-1009-3

Band 22 Maximilian Barthel
Aufmerksamkeitslenkung mithilfe Innenraumbeleuchtung im Automobil.
ISBN 978-3-7315-1011-6

Band 23 Melanie Helmer
Methode zur Messung des Einflusses von Lichtimpulsen auf die visuelle Leistungsfähigkeit.
ISBN 978-3-7315-1013-0

Band 24 Marina Budanow
Entwicklung eines lichtbasierten Fahrerassistenzsystems.
ISBN 978-3-7315-1018-5

Band 25 Dennis Zimmermann
Verbesserung der Prozesskette zur Herstellung mikrostrukturierter Linsen für automobile Scheinwerfer.
ISBN 978-3-7315-1058-1

Band 26 Manuel Trierweiler
Detektion und Klassifizierung unterschiedlicher Bedeckungen auf Abschlussscheiben von LiDAR-Sensoren.
ISBN 978-3-7315-1200-4

Band 27 Johannes Reschke
Fahrerintentionserkennung zur lichtbasierten Kommunikation mit Fußgängern.
ISBN 978-3-7315-1185-4

Band 28 Steffen Strebel
Ein Beitrag zum simulationsbasierten Test von Lichtfunktionen.
ISBN 978-3-7315-1208-0

Band 29 Fabian Stöger
Lebensdauer von LED-Baugruppen.
ISBN 978-3-7315-1218-9

Band 30 Maximilian Vogl
Thermische Untersuchungen an Laser-aktivierten Leuchtstoff-Systemen mit dynamischer Leuchtdichteverteilung.
ISBN 978-3-7315-1133-5

Band 31 Philipp Ansorg
Technologische Beschreibung und physiologische Bewertung eines hochaufgelösten Laserscanner-Scheinwerfersystems.
ISBN 978-3-7315-1291-2

SPEKTRUM DER LICHTTECHNIK ISSN 2195-1152

Band 32 Florian Krieft
Erfassung der Sichtweite bei Nebel durch die Kombination aus hochauflösendem Scheinwerfer und einem Kamerasystem.
ISBN 978-3-7315-1344-5

Die Bände sind unter www.ksp.kit.edu als PDF frei verfügbar oder als Druckausgabe bestellbar.

FSC
www.fsc.org
MIX
Papier | Fördert
gute Waldnutzung
FSC® C083411

Kolibri 360 GmbH
Ferdinand-Jühlke-Straße 7
99095 Erfurt, Deutschland
produktsicherheit@kolibri360.de